△ M 45(플레이아데스 성단)
본문 238쪽 참조

작은 망원경과 함께 떠나는

성운 · 성단 산책

박승철 지음

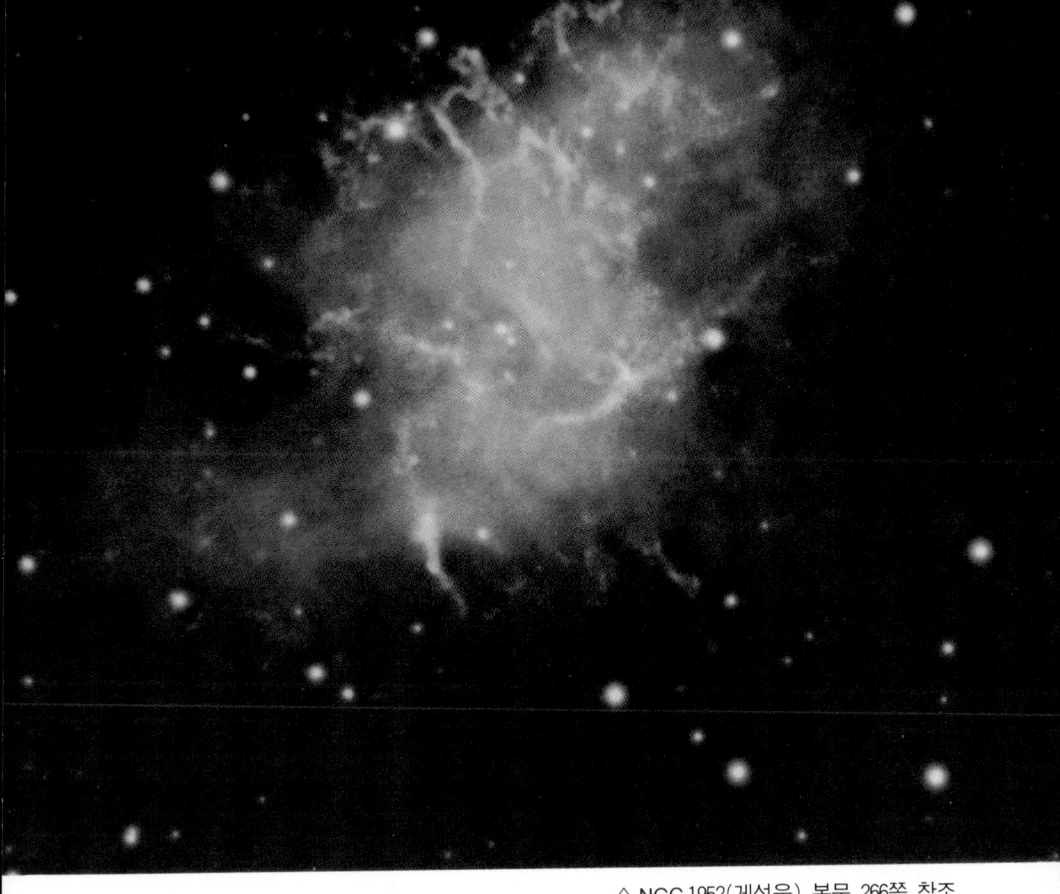

△ NGC 1952(게성운) 본문 266쪽 참조

◁ NGC 1976+NGC 1982(오리온 대성운)
본문 244쪽 참조

△ B 33(말머리 성운) 본문 248쪽 참조

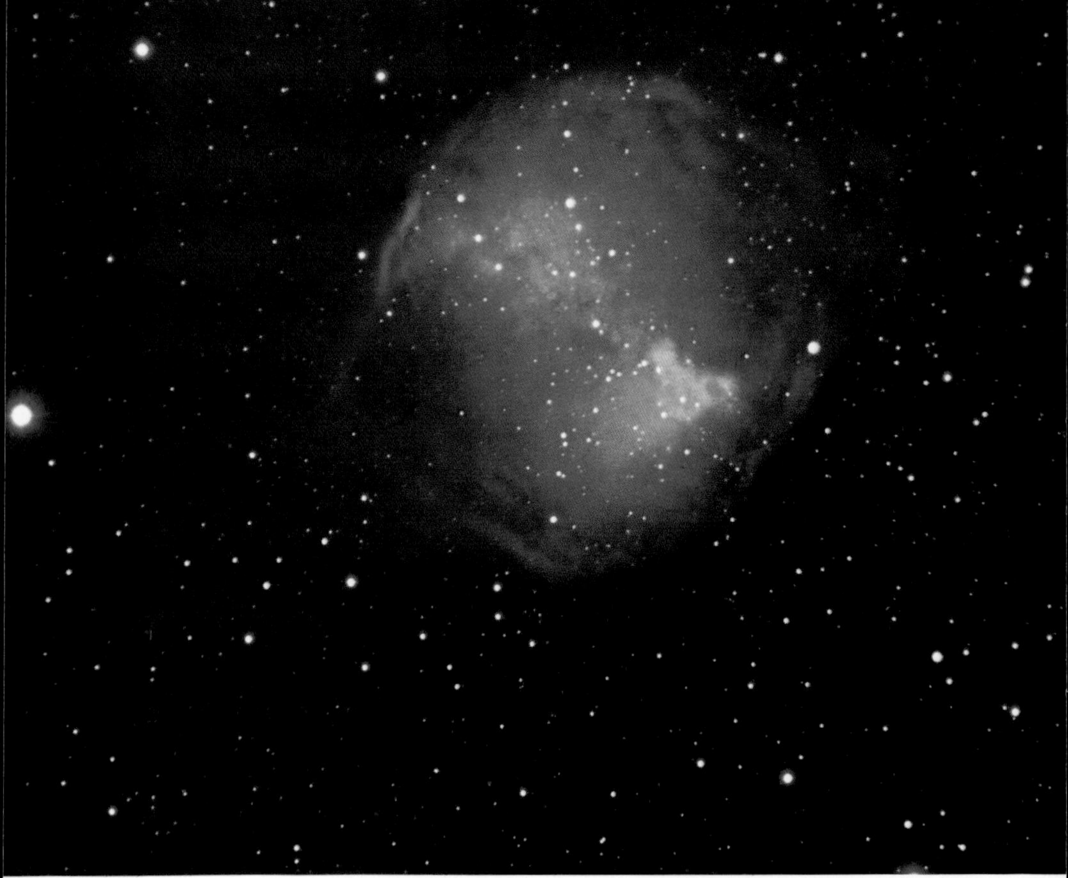

△ NGC 6853(아령성운) 본문 158쪽 참조

△ NGC 6611(독수리 성운) 본문 168쪽 참조

△ NGC 5139(오메가 성단) 본문 120쪽 참조

△ NGC 2237~9, 46(장미성운) 본문 260
쪽 참조

△ NGC 4594(솜브레로 은하) 본문 114쪽 참조

◁ NGC 5194+5195(휘풀 은하) 본문 70쪽 참조

△ NGC 4565 본문 74쪽 참조

△ M 31+M 32+M 110(안드로메다 은하)
본문 226쪽 참조

△ 막대나선은하 NGC 1360

■가람과학신서 2

작은 망원경과 함께 떠나는

성운 · 성단 산책

박승철 지음

가람기획

책머리에

80년대 후반 이후 아마추어 천문 인구가 급격히 늘어나, 근래에는 서울과 지방에 여러 아마추어 단체들이 생겨났고, 대학 클럽도 25개교가 넘습니다. 그리고 국민학생과 중학생들의 가장 홍미로운 분야가 천문·우주라는 조사도 나와 있습니다.

그러나 이들 열성적인 학생들과 관측에 관심있는 초심자들에게 필요한 관측대상 목록이나 가이드북이 우리말로 출판된 것이 아직까지 없었습니다. 몇몇 대학 아마추어 클럽에서 원서의 번역이 일부 있었으나, 원서가 오래전에 출판되어 수정이 필요한 경우가 적지 않습니다. 필자가 이 책을 쓰게 된 것도 모두 그러한 까닭입니다만, 이제까지 배운 조그만 지식들은 모두 미국과 일본에서 나온 원서들에 의한 것뿐이어서 책의 내용이나 형태에서 그 냄새를 다 지울 수 없었음을 실토하지 않을 수 없습니다.

앞으로 보다 뛰어난 관측자들에게서 더 새롭고 알찬 책이 나올 수 있는 실험적인 책으로 이해해주기 바랍니다. 또한 이 책을 씀에 있어서도 적당한 우리말 용어가 없어 억지 한글이나 외래어를 그대로 사용한 경우도 많습니다. 필자가 애를 썼으나 내용 중에 잘못된 부분이 있다면 전적으로 저의 짧은 지식 탓이므로 지적해주시면 곧 개정하겠습니다.

끝으로 중고교 학생들과 초심자들에게 조금이나마 천문과 우주를 공부하는 데 흥미와 도움을 주었으면 더 바랄 것이 없겠습니다.

그 동안 철없는 젊은이에게 망원경 제작뿐 아니라 다른 삶의 지혜를 가르쳐준 나은선·이만성 선생님과 결코 잊지 못할 「은혜」를 생각하며 이 책이 조그만 기쁨이 되길 바랍니다.

지은이 씀

작은 망원경과 함께 떠나는
성운 · 성단 산책

1. 봄의 성운 · 성단 —— 47

●읽어두기

(1) 이 책은 아마추어 천체관측자들이 성운·성단과 은하를 관측하는 데 도움이 되도록 〈메시에 목록〉을 중심으로 유명한 성운·성단·은하 120여 개를 선정하여 수록한 것이다.

(2) 이들 천체들은 북위 70°에서 남위 47° 사이에 있는 밝은 것들로서, 맨눈이나 작은 망원경으로 볼 수 있는 것들이 대부분이다. 그러나 경우에 따라서는 말머리 성운과 같이 사진으로는 쉽게 확인되지만 망원경으로는 좀처럼 식별하기 힘든 유명 성운 등도 참고로 하기 위해 이 책에 함께 올렸다.

(3) 이들 천체를 수록함에 있어 해당 천체에 대한 간략한 해설을 하고 〈보이는 모습〉을 간단하게 실었다. 이를 묘사하는 데에는 10*cm* 굴절망원경, 25*cm*, 35*cm* 자작 반사망원경으로 본 것을 기준으로 해서 기술했다. 이들 망원경은 메시에가 사용했던 것들에 비해서는 성능이 월등하지만, 렌즈의 코팅 상태, 우리 나라의 날씨 등의 원인으로 미국이나 일본의 표준 구경보다 성능이 낮다는 점을 감안하고 보아야 할 것이다.

(4) 이 책에서 주로 사용한 사진들은 관측시 망원경 속의 겉보기 모습에 가장 가깝다고 생각되는 사진들을 채택, 수록했다. 기본 사진자료로서 채택한 것은 H. 베른베르크의 부분 사진성도이며, A. 샌디지의 〈허블 은하지도(The Hubble Atlas of Galaxies)〉를 부분적으로 이용했다. 국내자료가 거의 없는 상황에서 이는 불가피한 일이었음을 밝히며, 앞으로 여건이 허락하는 대로 우리 나라 관측자의 사진사료로 보완해 나갈 것이다.

(5) 각 천체의 기본 데이터는 되도록 88～90년 사이에 출간된 최신자료에서 취하는 것을 원칙으로 했으나, 그 중에서 받아들이기 어려운 데이터는 필자의 임의로 다른 자료에서 취했다.

(6) 배열에 있어서는 〈메시에 목록〉을 따르지 않고 계절별 별자리에 따라 순서를 정해 싣는 것을 원칙으로 했다. 〈메시에 목록〉의 M 1과 M 2의 실제 관측시기가 6개월이나 차이가 나는만큼 실용성을 취하는 수밖에 없었다.

(7) 이 책에 묘사되어 있는 내용들은 숙련된 아마추어 관측자가 좋은 기상상태에서 적절한 망원경을 사용하여 보았을 때를 기준으로 한 것이다. 따라서 천체관측에서 기대했던 만큼 좋은 상을 보지 못하는 경우가 많다는 점을 이해해주기 바란다.

(8) 이 책에서 사용한 약어표와 부호의 뜻은 다음과 같다.

NGC＝New Galactic General Catalogue
IC＝Index Catalogue
B＝Barnard가 만든 카탈로그 머리글자
Mel＝Melotte가 만든 카탈로그 머리글자
☆＝보이는 별의 갯수
V＝안시등급
ϕ＝시직경(겉보기 지름)
S：나선은하(팔의 벌어진 정도에 따라 Sa, Sb, Sc로 구분)
E：타원은하(장축·단축의 비에 따라 E_0, E_1, E_2…등으로 구분)

천체관측의 역사

(1) 성운관측

1610년 갈릴레이의 친구인 니콜라스 피에레스크가 오리온의 삼성 아래에 놓인 뿌옇게 보이는 별이 가스체로 이루어진 사실을 최초로 발견했다. 이후 오리온 대성운으로 알려지게 된 이 천체는 8년 후 예수회 신부 시사투스가 재 발견하고 호이겐스가 이 유명 천체에 대한 상세한 묘사와 그림을 남기고 후에 트라페지움으로 알려진 3개의 별까지 발견하면서—4번째 별은 1673년 피카르드가 발견—널리 알려졌다. 성운 윗부분의 돌출된 원형의 작은 성운은 1731년 이전에 그린 마이란의 그림에 처음 등장한다. 메시에는 그것을 오리온 대성운과 분리된 물체로 보고 1771년 그의 목록에 M 43으로 올렸다.

궁수자리에 있는 여러 성운들은 보다 늦게 발견되었다. 오메가 성운으로 불리는 M 17이 1746년 셰조에 의해 발견되고, 2년 후 르장티가 가스체와 그 속의 별들로 이루어진 M 8을 발견했다. 이것은 1680년 플램스티드가 궁수자리에서 보았다고 기록한 불명확한 천체와 같은 것으로 여겨진다.

아베 라카유는 1751~53년 사이의 희망봉 관측에서 황새치 30번 별로 알려져 있던 것이 거대한 성운인 것을 처음으로 알았다. 이것은 현재 NGC 2070으로 대마젤란

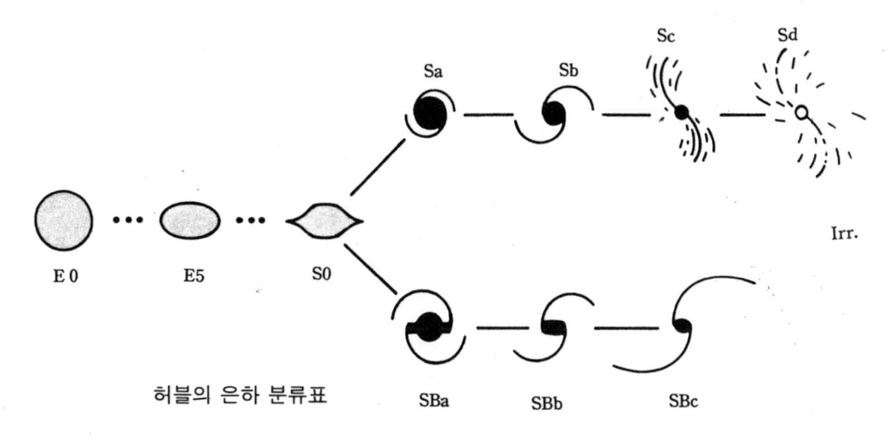

허블의 은하 분류표

성운 속에 있으며 전 우주에서 알려진 것 중 가장 거대한 성운이다. 1987년 이 성운에서 초신성이 폭발하여 더욱 유명해졌다. 라카유는 뒤이어 용골자리 베타성이 변광하는 별들을 가진 성운이라는 사실을 밝혔다. 이 성운이 지금의 NGC 3372로서 에타카리나 성운이다.

M 20은 1747년 르장티에 의해 발견되고 1764년 메시에도 독자적으로 재발견했지만, 이들은 이것을 단지 성단으로만 알았다. 1830년 존 허셜이 성운으로 규정하고 「삼렬」이라는 명칭을 처음 주었다. 한편 「행성상 성운」이라는 이름은 1785년 윌리엄 허셜이 처음 붙인 것으로 추측된다. 그러나 1781년 Darquier가 자신이 발견한 M 57을 묘사하면서 「흐릿한 행성처럼 보임」이라고 표현함으로써 「행성」이라는 말을 처음으로 사용했다.

그러나 가스 성운이나 행성상 성운 모두 1864년 윌리엄 허긴스가 분광기를 사용할 때 까지 외계은하와 효과적으로 분리하지 못했다. 허긴스는 분광기로 NGC 6443인 용자리의 행성상 성운을 관측하여 이것의 스펙트럼이 별과 달리 「빛나는 가스」와 비슷한 점을 발견했다. 이후 망원경으로 알 수 없던 별처럼 매우 작은 성운도 스펙트럼을 통해 쉽게 분류할 수 있게 되었다. 이 방법은 아이작 로버트의 천체 사진촬영 작업과 함께 천체의 분류에 가장 혁신적인 진보를 이룩한 것으로 평가된다.

(2) 은하관측

은하관측의 역사는 오래 되었지만 1924년 가장 가까운 나선 성운 M 31이 외계의 은하로 판명되기까지 우주는 그다지 넓지 않았다.

안드로메다 대성운은 맨눈으로 보이기 때문에 선사시대부터 알려져 있었겠지만, 954년경에야 알 수피에 의해 처음 기록되었다. 그뒤 은하에 대한 기록은 중세시대 내내 침묵하였고, 1520년경 네덜란드 항해사로부터 마젤란 성운에 대한 간략한 언급이 처음 등장했다.

1610년 망원경 사용이후 발견된 첫 외계은하는 1749년 10월 29일 르장티가 발견한 M 32였다. 뒤이어 메시에와 케럴라인 허셜이 1773년과 1783년에 각각 독자적으로 NGC 205를 발견했다.

남쪽하늘에 있어서는 라카유의 희망봉 단신 원정기간인 1751~53년 초 사이에 발견한 M 83이 처음이다. 바다뱀자리 속의 이 작은 성운상 은하에서 1983년까지 5개의 초신성이 발견되어 NGC 6946을 제치고 초신성이 가장 많이 발견된 은하가 되었다.

이후 30년 동안 많은 은하들이 발견되었는데 이들중 많은 수는 부지런한 혜성 수색자인 메시에에 의해 발견되었다. 103개의 천체가 수록된 원목록 속에 36개의 은

허셜의 구경 122cm
반사망원경
(1789년 작)

하들이 성운으로 기재되어 있다. 이중에서 메시에 자신이 발견한 것이 11개이며, 후배 경쟁자인 메시앵이 발견한 것 17개, 보데 3, 쾰러 2, 오리아니가 1개를 첨가했다.

그후 곧바로 윌리엄 허셜이 등장하여 자신이 만든 대형망원경으로 수백 개의 은하를 발견했으나, 이 놀라운 관측자도 순가스 성운과 은하를 구별하지는 못했다. 최초의 은하와 성운 분류는 분광기를 이용한 허긴스가 녹색과 흰색의 스펙트럼선으로 별의 집단과 가스체의 구별에 성공하여, 1845년 이후 로스 경의 관측에서 알려진 나선팔을 가진 성운들이 별들의 집단임이 알려지게 되었다. 그러나 아이잭 로버트가 1880년 M 31의 사진을 찍어 균형잡힌 나선팔을 가진 은하의 모습을 얻었을 때에도 대부분의 사람들은 은하수 속에 있는 천체로 파악했다. 1885년 이 성운에서 초신성이 폭발하여 가스 구름으로만 알고 있던 많은 사람들을 놀라게 했으며, 외부은하일지도 모른다는 실마리를 최초로 제공했다.

이후 1920년대 초까지 많은 논쟁이 벌어졌으나 허블, 리치, 던컨 등이 윌슨산의 60인치와 100인치 망원경으로 M 31과 M 33 속에서 신성과 세페이드 변광성을 발견하여 이들이 먼 거리에 놓여 있음을 증명했다. 마침내 1924년 휴메이슨과 허블이 적색편이를 보이는 은하들을 가지고 우주팽창의 결정적 증거를 확보하면서 현대 우주론의 시대로 접어들게 되었다.

(3) 구상성단 관측

W. 허셜이 1786년 그의 〈성운목록〉을 작성하기까지 구상성단의 개념은 존재하지 않았다. 오메가(ω)성단을 지금은 구상성단으로 알고 있으나, 고대 관측자들은 하나의 별로 인식했고, 베이어가 1603년 유명한 〈우라노메트리아(Uranometria) 성도〉를 제작했을 때에는 단지 오메가라는 별로 표기되었다.

이것이 성운 또는 구름같이 빛나는 반점임을 알아차린 것은 핼리가 세인트 헬레나 섬에서 처음 관측한 1677년 이후의 일이다. 그는 또한 헤르쿨레스 자리의 M13도 1714년에 처음으로 발견했다.

그러나 구상성단을 성운으로 처음 인식한 것은 독일의 아브라함 일레이다. 그는 1665년 토성을 관측하던 중 우연히 궁수자리의 구상성단 M 22를 처음으로 발견하게 되었다. 핼리가 2개의 구상성단을 발견하던 무렵 G. 키르흐가 1702년 뱀자리에서 M 5를 발견했다. 그러나 1744년이 될 때까지 발견된 구상성단은 겨우 4개뿐이었다.

1745년에는 세조가 전갈자리에서 M 4를 발견하고 화살자리에서 M 71을 발견했다. 다음해 1746년 물병자리

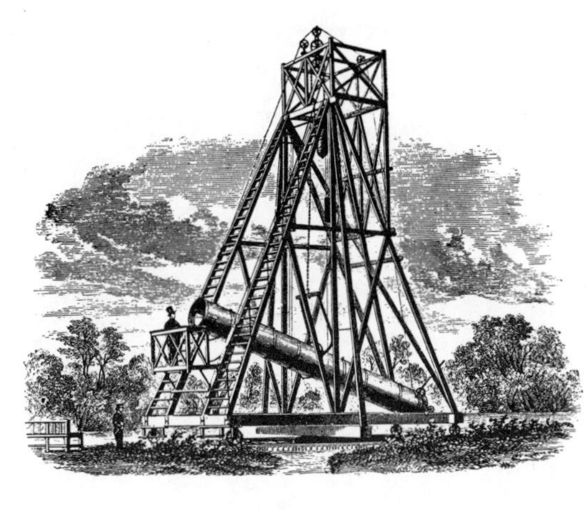

로스 경의 구경 183cm
F9 반사망원경
(1845년 작)

구상성단 M 2와 페가수스 자리 구상성단 M 15가 추가되었는데, 이것들은 프랑스의 관측자 마랄디가 1746년의 셰조 혜성을 찾던 중 발견한 것이다.

1751～53년에 18세기 최고의 천재 관측자인 아베 라카유가 아프리카 남단 희망봉에 원정하여 5개의 새로운 구상성단을 추가했다. 이것들은 NGC 104(47 큰부리새), NGC 4833, NGC 6397, M 69 그리고 M 55이다.

이 뛰어난 천재가 요절한 뒤 곧바로 메시에와 메시앵이 등장했다. 메시에는 1764년 5월 3일부터 8월 3일 사이에 8개의 구상성단을 발견하는 경이적인 관측기록을 세웠다. 이것들이 지금의 M 3, M 9, M 10, M 12, M 14, M 19, M 28 그리고 M 30이다.

그후 메시에는 메시앵과 함께 1781년 3월까지 또다른 10개의 구상성단을 추가했다. 그러나 이때까지도 구상성단은 다만 「둥글고 흰 성운」으로만 알려졌다.

1781년 W. 허셜이라는 교회 오르간 연주자가 천왕성을 발견하면서 말 그대로 혜성처럼 천문학계에 등장했다. 인류 역사상 티코 브라헤와 함께 W. 허셜은 가장 뛰어난 관측자의 한 사람으로 꼽힌다. 그의 등장으로 「둥글고 흰 성운」들이 비로소 수많은 별들로 뭉쳐진 것임이 밝혀지게 되었다.

19세기 초까지 허셜은 구상성단을 분류·분석하여 연

구에 큰 진전을 보았다. 그리고 분광기를 발명한 W. 허긴스가 보다 조직적인 분석을 통해 먼 구상성단들까지도 그 존재를 바로 알게 되었다.

20세기에 들어와 베일리는 「구상성단 변광성」으로 불리는 거문고자리 RR형 변광성을 구상성단 속에서 발견했다. 이것은 그뒤 샤플리가 구상성단의 분포로부터 태양계의 은하 내 위치를 알아내는 데 중요한 역활을 했다.

우리 은하 내에 있는 구상성단은 어림잡아 140여 개일 것으로 추측되고 있지만, 지금까지 발견된 것은 모두 110개이다.

이들 중 아마추어 관측자들의 망원경으로는 61개까지 볼 수 있을 것이다.

(4) 산개성단 관측

초기 자연 철학자들에게 성단의 형태로 생각되어진 것은 히아데스와 플레이아데스뿐이었고, 나머지 의심스러운 대상들은 성운(작은 구름) 또는 성운체(구름 같은 것=별들)로만 기록했다. 프톨레마이오스는 이 같은 성운이나 성운체 가운데 7개의 목록을 산개성단으로 생각하고 만들었는데 단지 4개—이중성단, 프레세페, M 7, 머리털자리 성단(Cloudy Convolution)—만 산개성단이고 나

라셀의 구경 122cm
F 9.4 반사망원경(1865년 작)

머지 3개는 작은 성군(성협)이었다.

이후 페르시아의 천문가 알 수피가 954년에 안드로메다 성운 외에도 브리오치(Briochi's) 성단으로 유명한 작은 여우 4번과 5번 별을 포함하는 작은 성군을 추가하고, 돛자리 O별이 포함된 IC 2391도 첨가했다. 그후 500년간 새로운 대상들이 발견되지 않다가 16세기에 티코 브라에와 Ulugh Begh가 여러 종류의 천체들을 성단으로 잘못 인식하여 자신들의 목록에 기록했다.

1610년 갈릴레이가 망원경을 사용하면서 성단에 대한 많은 의문들이 해결되었다. 그는 당시까지 많은 철학자들을 괴롭혔던 하늘의 흐릿한 물체들이 별로 분해되어 보이는 것을 확인하고 모든 성운은 별들로 구성된 것으로 생각했다. 그의 이런 생각은 이후 수세기 동안 지속되었다. 갈릴레이가 프톨레마이오스의 목록 속에서 4개를 산개성단 목록에 추가시킨 이후 1680년에 플렘스티드가 M 8을 발견하고 다음해 키르흐가 M 11을 추가했다. 플렘스티드는 또 1690년과 1702년에 NGC 2244와 M 41을 발견했다. 토성의 고리틈새로 유명한 카시니도 1711년 M 50을 추가시켰다.

그러나 본격적인 대발견은 1745년 이후에 등장한 몇 사람에 의해 이루어졌다. 스위스의 관측가 세조는 1745년과 46년에 걸쳐 M 6, IC 4665, NGC 6633, M 16, M

25, M 35를 발견하고 최초로 성운과 성단을 구분했다. 1749년에는 르장티가 M 36과 M 38을 추가한다.

1750년대는 이 시대 최고의 천재관측가였던 라카유가 등장했다. 그는 1751~52년 사이 아프리카 남단 희망봉에 원정하여 남쪽하늘에 보이는 42개의 성운목록을 작성했다. 이 가운데 16개가 산개성단이었다. 그는 또한 이 성운들을 보다 체계적으로 분류하여 최초로 구상성단, 산개성단, 산광성운의 3분법을 만들었다.

라카유의 요절 이후 메시에와 보데가 새로운 성운목록을 작성하면서 본격적인 목록표가 등장하게 되었고, 바로 뒤이어 W. 허셜이 대형 망원경으로 성운과 성단을 밀집도와 모양에 따라 8단계로 나누어 산개성단과 구상성단의 과학적인 분류가 이루어졌다. 그러나 허셜의 분류방법으로는 M 71과 같은 천체에는 적용이 어려워 그와 계승자 드레이어의 〈NGC 목록〉에는 산개성단으로 분류해버렸다. 그래도 이 분류는 20세기 후반까지 권위있게 내려오고 있고, W. 마데가 도입한 종족 I 과 종족 II 로 나누는 방법에 의해 완벽한 분류가 이루어졌다.

성운 · 성단의 목록들

(1) 〈메시에 목록〉

프랑스의 천문학자인 샤를 메시에(1730~1817)가 혜성을 수색하면서 혜성 발견의 편의를 위해 백여 개의 성운 · 성단을 관측하여 그에 대한 데이터들을 정리, 기록한 일람표이다. 지금까지 사용되고 있는 대표적인 목록 중의 하나로서, 많은 성단 · 성운이 이 목록의 번호로 M 1(게성운), M 13(헤르쿨레스 자리 구상성단), M 31(안드로메다 은하) 등과 같이 불리고 있다. 〈NGC 목록〉과 함께 중요시되고 있다.

이 목록을 작성한 메시에는 프랑스 해군의 천문대 전임 사무관으로서 천체관측에 종사하면서, 1759년 핼리 혜성의 회귀를 관측한 후로 혜성연구에 전념한 천문학자이다. 그는 15개의 새 혜성을 포함하여 21개의 혜성을 검출했는데, 〈메시에 목록〉은 혜성관측 때 혼동하기 쉬운 천체로서 성운 · 성단을 가려내는 작업의 하나로서 탄생하게 된 것이다.

이 목록에는 1771년에 45개, 81년에 모두 103개가 수록되었으며, 그 등록번호(기호 M)는 지금도 널리 통용되고 있다.

(2) 〈NGC 목록〉

19세기 영국의 천문학자 J.L.E. 드레이어가 1888년 편집한 성운·성단 성표(星表)이다. NGC는 윌리엄 허셜과 그의 아들 존 허셜이 2대에 걸쳐 5,100개의 성운·성단을 기록하여 만든 〈제너럴 카탈로그(General Catalogue)〉를 확장·정리하여 드레이어가 출판한 〈뉴 제너럴 카탈로그〉의 머리글자이다.

이 〈NGC 목록〉에는 외부은하계의 성운 등을 포함하여 모두 7,840개의 성운·성단이 수록되어 있으며, 현재 성운 등을 일컫을 때는 일반적으로 이 목록번호에 따른다. 그러나 M25와 같이 빠진 것들이 있어, 1894년과 1908년에 이를 보완하여 5,386개의 성운·성단을 포함한 〈인덱스 카탈로그(IC)〉와 〈인덱스 카탈로그 Ⅱ〉를 발표했다.

이들 세 가지의 목록에 수록된 성운·성단들은 대부분 맨눈 관측이 가능한 15등급 이상을 천체들이며, 〈IC Ⅱ〉 목록의 일부는 17등급을 포함하고 있기도 하다.

(3) 〈RNGC 목록〉

〈NGC 목록〉이 많은 천체관측자들에 의해 이용되면서 오자와 중복기록들이 많이 발견됨에 따라 팔로마 사진성도와 비교하여 확인·정리된 것이 〈The Revised New General Catalogue(RNGC)〉로서 1973년에 발간되었다.

1. 봄의 성운 · 성단

M 81+M 82(NGC 3031+NGC 3034) 큰곰자리

M81: 9^h 55.6^m +69°04′ ϕ=18′×10′ V=8.0 나선은하(Sb)

M82: 9^h 55.8^m +69°41′ ϕ=8′×3′ V=9.2 불규칙은하

큰곰자리에서 가장 밝은 은하인 M 81과 M 82는 국부 은하군 바깥에 있는 가장 가까운 은하군의 대표들이다. 두 은하는 겨우 38′ 거리 떨어져 있어 낮은 배율의 망원경에서는 함께 쌍으로 보인다. M 81까지의 거리는 평균 700만 광년으로, 조각실 은하군만이 이 집단과 비슷한 거리에 놓여 있다. M 81과 M 82 모두 보데가 발견했다.

M 81의 겉보기 지름은 18′×10′인데, 장축의 실제 지름은 36,000광년으로 그다지 크진 않다. 그러나 전체질량이 태양의 2,500억 배로 우리 은하를 크게 능가한다. 이것은 M 81이 나선은하 가운데 가장 밀도 높은 은하이기 때문으로, 거대 나선은하인 M 31에 비해서도 2배나 밀도가 높다. 은하의 중심에는 방대한 숫자의 적색 및 황색거성들이 있어 보통 나선운하들보다 황색에 가까운 색깔을 낸다. 이들 대부분의 구성원들은 절대등급 −4.5 등급보다 높아 매우 광도가 높다. 많은 변광성들과 25개 신성이 알려져 있으나, 초신성은 발견되지 않고 있다.

이 은하군에는 M 81과 M 82 외에도 NGC 3077과 2976, 불규칙 은하인 NGC 2366, IC 2574 그리고 Ho Ⅱ, 또 더 희미한 몇개의 은하들이 있다. 기린자리의 큰 나선은하 NGC 2403도 이 은하군에 속한다.

M 82는 M 81의 북쪽 38′에 있는 시거 모양의 불규칙 은하이다. 이 은하는 중심에서 태양의 5백만 배나 되는 물질이 방사상으로 초당 1천*km* 의 속도로 팽창하면서 방출되고 있다. 이 팽창속도를 역산하여 천문학자들은 약 150만 년 전에 이 은하의 중심에서 폭발이 일어났다고 추정하지만, 아직도 명백히 밝혀지지 않고 있다. 게다가 이 폭발하는 은하의 중심에서는 강한 전파가 발생되고 있기 때문에 특별히 흥미로운 연구대상이 되고 있다.

M 82의 지름은 16,000광년으로 작은 편이며, 질량은 태양의 500억 배로 M 81의 1/5에 불과하다.

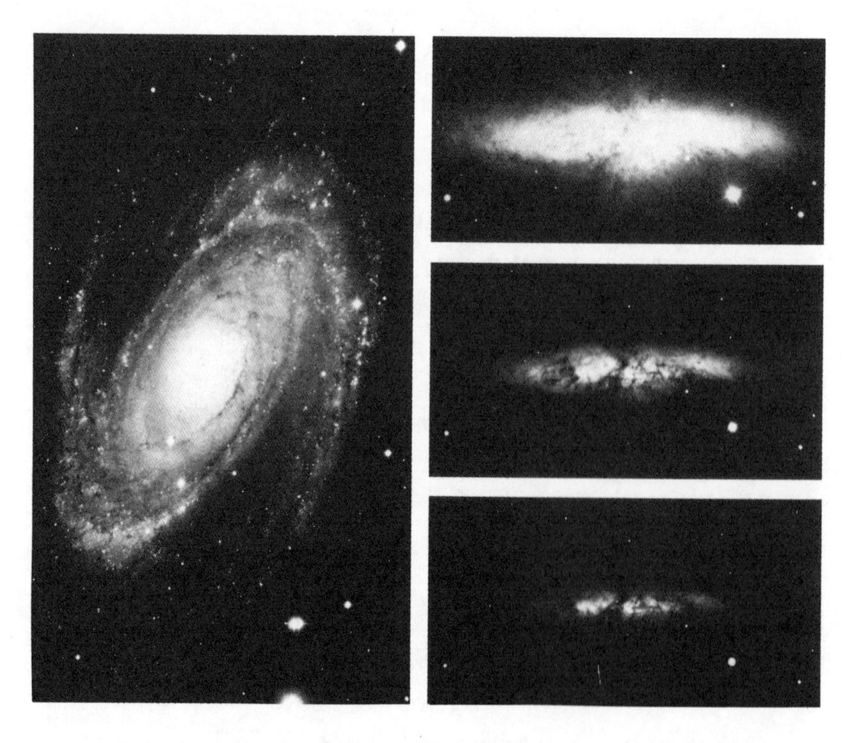

△ 팔로마 산의 200 인치 헤일 망원경으로 찍은 M 81(왼쪽)과 노출시간을 각각 달리한 M 82의 모습.

Δ보이는 모습 북두칠성을 이루는 알파(α)별과 감마(γ)별을 북쪽으로 1배 연장한 곳에서 찾을 수 있다. 은하는 50배 이하 저배율일 때 같은 시야 양끝에서 함께 보인다. M 81은 파인더나 쌍안경으로도 쉽게 찾을 수 있는 밝고 큰 은하로, 구경 15*cm* 이면 희미한 무리(할로)로 감싸인 남북으로 긴 타원형의 모습과 핵이 뚜렷하고 밝게 보인다.

M 82는 M 81보다 어둡지만 더 흥미로운 관측대상이다. 15*cm* 저배율에서는 표면이 일정하게 밝은 모습이나, 고배율에서는 중앙을 가르는 암흑대가 쐐기모양으로 남쪽에서 올라와 은하를 두 개로 나눈다. 은하의 남서 가장자리 아래에서 10등급의 별도 볼 수 있다. 구경 20*cm* 이면 중앙에서 동쪽 끝 1/3 지점에서 또 하나의 암흑대를 볼 수 있고, 중심지역이 보다 불규칙한 밝기의 얼룩으로 나누어져 보인다.

M 40＝Winnecke 4

큰곰자리／짝별

$12^h 22.2^m$ +58°05

〈메시에 목록〉 속에서 메시에 자신이 성운으로 표기하지 않은 유일한 대상으로, 1660년 헤벨리우스가 그의 목록 속에 성운으로 잘못 표기했던 것이다. 그후 더햄과 마우페리우스 등이 잇따라 이 천체를 자신들의 목록에 성운으로 옮겼다. 메시에는 이 천체로 표기된 위치에서 단지 2개의 희미한 별만 보고도 그의 목록에 올렸다. 이 이중성은 1863년 이후 〈빈네케 4〉라는 이름이 붙여졌다. 두 별은 9등성과 9.3등성으로 방위각 83° 각거리 50.1″이다.

Δ보이는 모습 북두칠성의 국자 4번째 별인 델타별 위에 있는 70번 별의 북동쪽 16′ 거리에 있으며, 구경 6*cm* 이상이면 볼 수 있다. 30*cm* 이상이면 같은 시야 속에서 막대 나선은하인 NGC 4290도 함께 보인다. 이 은하는 13등급 밝기로 헤벨리우스나 메시에의 망원경에는 결국 보이지 않았을 것이다. 크기는 1.5′이다.

M 97+M 108(NGC 3587+3556) 큰곰자리

M 97 : 11^h 14.9^m +55°01′ φ=150″ V=11.1 행성상 성운

M 108 : 11^h 11.5^m +55°40′ φ=7.8′×1.4′ V=10.8 나선은하(Sc)

메시앵이 1781년 큰곰자리 베타(β)별 아래에서 발견한 거대한 행성상 성운이다. 로스 경이 이 성운을 올빼미 얼굴과 닮았다고 묘사한 후 「올빼미 성운」이라는 별명으로 유명해졌다. 〈메시에 목록〉 속에서 가장 표면밝기가 낮은 어두운 대상에 속하는 11.2등급 원반으로 203′′의 크기이다. 성운의 중심에는 14등급의 중심성인 백색왜성이 있다.

성운까지의 거리는 아직 확정되지 않아, 1,600광년에서 1만 광년까지 여러 주장들이 있다. 만약 성운까지의 거리가 3천 광년이라면 성운의 크기는 약 3광년이 된다.

48′ 북동쪽에 옆면 나선은하인 NGC 3556(M 108)이 있다. 약 8′ 길이의 불규칙한 표면밝기를 보이는 이 은하는 저배율일 때 M 97과 함께 보인다. 메시앵이 처음 발견했으며, 최근에야 〈메시에 목록〉에 포함되었다. 이것은 표면이 조금 더 어두운 점을 제외하고는 M 82과 아주 비슷한 모습을 보여준다. 거리는 2,500만 광년.

Δ보이는 모습 국자 밑바닥을 형성하고 있는 2등급의 베타(β)별 동남쪽 1.5°에 M 108이 동서방향으로 길고 어두운 숯덩이처럼 보인다. 이 은하는 매우 어두워 15*cm*로도 겨우 보일 뿐이다. 25*cm*로는 은하 서쪽 가장자리에서 어두운 별이 드러나고 중심이 매우 밝게 보이며, 은하 동쪽 가장자리가 약간 더 넓어 보인다.

M 97은 M 108에서 동남쪽 48′ 떨어져 있다. 15*cm*로는 아무 구조도 보이지 않고, 다만 작고 둥글며 매우 어둡게 보일 뿐이다. 25*cm*로는 성운의 윤곽이 상당히 뚜렷하게 보이며, 성운 바로 위에 11등급의 별이 선명하게 드러난다. 성운 내부는 사진처럼 눈의 위치가 선명하지 못하며, 불분명한 모양의 보다 어두운 지역이 보이고, 명암차가 조금 느껴진다. 성운중심과 남서부분에 별의 존재가 있는 듯하나, 사실 여부는 불확실하다.

M 109=NGC 3992

큰곰자리／막대 나선은하(SB b)

$11^{h}57.6^{m}$　$+53°23'$　$\phi=6.4'\times3.5'$　$V=10.9$

큰곰자리 감마(γ)별 바로 곁 40′ 남동쪽에 있는 막대나선은하이다. 2.4등급인 감마별의 남북으로는 어두운 은하들이 많이 산재해 있는데, 이들은 M108 주위와 함께 큰곰자리 은하군의 북부를 형성하고 있다. M109는 큰곰자리의 감마별과 사냥개자리의 베타(β)별 사이에 집중되어 있는 이 북부지역에서 가장 큰 은하이다.

은하는 매우 밝고 집중된 중심 팽창부를 중심으로 막대팔이 흐릿한 나선팔과 시타(θ) 모양으로 연결되어 있다. 중심 팽창부는 원형으로만 밀집되어 있어, 눈으로는 사진에서와 같은 막대모양 구조가 보이지 않는다. 은하의 겉보기 크기는 6.4′×3.5′이고, 밝기는 10.9등급이다. 은하까지의 거리는 약 2,300만 광년으로 M106과 비슷하다.

Δ보이는 모습 저배율로 감마별 옆에서 쉽게 찾을 수 있다. 조그만 핵을 제외하고는 표면 밝기가 낮기 때문에 배율을 높여 감마별을 시야 밖으로 내보내야 보다 나은 관측을 할 수 있다. 구경 15*cm* 로는 M108보다 더 작고 어둡고 흐릿한 타원형 얼룩으로만 보인다. 25*cm* 로는 선명한 핵을 가진 작은 타원형으로 북쪽 가장자리에 13등급의 별이 보인다.

M 95+M 96+M 105(NGC 3351+3368+3379) 사자자리

M 95: 10^h 44.0^m +11°42′ φ=4′×3′ V=11.0 막대 나선은하(SBb)

M 96: 10^h 46.8^m +11°49′ φ=6′×4′ V=10.2 나선은하(Sb)

M 105: 10^h 47.9^m +12°35′ φ=2.1′×2.0′ V=12.4 타원은하(E_1)

M 95와 M 96은 사자자리 레굴루스의 동쪽 9°쯤인 사자자리 중심에 있는 밝은 한 쌍의 은하로, 서로 42′ 떨어져 있다. M 95는 서쪽에 위치한다. 두 은하는 P. 메시앵이 1781년 3월에 발견했는데, 그는 이것들을「별이 없는 성운」으로 묘사했다.

M 95는 M 96보다 조금 더 명확하고 둥근 모양의 은하이며, M 96은 보다 크고 타원형으로 보인다. 사진에 찍힌 M 95는 중심이 밝고, 막대 나선팔을 가지고 있는 모습으로, 그리스 문자 시타(θ)를 닮은 꼴이다. 그리고 M 96은 크고 밝은 중심지역과 어두운 나선팔이 중심에서 적당히 떨어진 Sb형 나선은하임이 확실히 드러난다.

두 은하는 준은하군을 이루며, 때때로 M 65, M 66과 함께「사자자리 은하군」으로 불린다. 이들과의 거리는 2,900만 광년이다.

M 96의 북북동 48′에는 E_1형 타원은하 NGC 3379(M 105)가 있다. 이것은 〈메시에 목록〉 중 겉보기 지름이 가장 작은 은하이나, 두 개의 작은 동반은하 NGC 3384와 NGC 3389를 가지고 있다. 이 세 은하는 약 8′ 지름 속에 작은 삼각형을 형성하고 있다. 이 은하들은 명백히 M 95, M 96과 역학적으로 함께 연결되어 있으며, 둘 사이는 40만 광년 떨어져 있다.

△오른쪽이 M 95, 왼쪽이 M 96.

▲보이는 모습 M 96보다 둥근 모양을 보여주는 M 95는 구경 20㎝이면 원형의 밝은 중심부와 별과 같은 핵을 볼 수 있다. 25㎝이면 밝은 중심부는 M 96보다 훨씬 작으나 주위의 할로로 인해 거의 같은 크기로 퍼져 보인다.

M 105는 20㎝급으로 별과 같은 핵을 가진 밝은 원반모양으로 1′ 정도의 크기로 매우 작게 보인다. 가장자리의 할로도 매우 어둡고 불분명한 모습이다.

M 95, M 96 그리고 M 105는 주위의 더 작고 어두운

△중앙의 밝은 세 천체 중 오른쪽이 M 105.

은하들을 포함하여 사자자리 은하군을 형성하고 있다. 이 세 은하는 저배율로 같은 시야 속에 보이는데, 이중 M 96이 가장 밝다. 25*cm* 구경으로 보면 M 96은 남서쪽에 있는 M 95와 닮은 모습으로, 타원형의 밝은 중심부를 할로가 감싸고 있다. 11~12등급 별과 같은 이 은하의 핵은 약간 찌그러져 보인다. 20*cm* 급 이하로는 단지 중심 부분의 핵만 보인다.

M 65+M 66(NGC 3623+3627)+NGC 3628 사자자리／나선은하

M 65： 11^h 18.9^m $+13°05'$ $\phi=7.8'\times1.6'$ V=10.3 Sb

M 66： 11^h 20.2^m $+12°59'$ $\phi=8.0\times2.5'$ V=9.7 Sb

NGC 3628： 11^h 20.3^m $+13°36'$ $\phi=12'\times2'$ V=10.3 Sb

M 65과 M 66은 1780년 메시앵이 발견한 한 쌍의 밝은 나선은하이다. 이 두 은하는 겨우 21′ 떨어져 있어 망원경의 저배율 시야에서는 함께 잡을 수 있다. 이 은하들 바로 위로 1773년 11월 2일 그해의 메시에 혜성이 바로 통과했지만, 혜성의 빛 때문에 두 은하는 부지런한 관측자들에게도 발견되지 않았다. M 66은 둘 중 더 밝게 보이고 밝기는 9.7등급이다. 그러나 M 65가 보다 길게 보이는 외형 때문에 더 잘 눈에 띄기도 한다.

두 은하들은 모두 처녀자리 은하단의 중심에서 15° 떨어진 외곽에 놓인 은하들이지만, 적색편이가 초당 600*km*로 처녀자리 은하단 구성원들의 1/2에 불과해 우리 은하군과 가까운 면에 위치한다. 이 M 65와 M 66은 가까이에 놓인 몇개의 더 희미한 은하들과 함께 독립된 작은 준은하단을 이루는 것으로 알려져 있다.

두 은하 모두 Sb형 나선은하로 M 66은 거대한 암흑대와 두꺼운 나선팔에 거칠게 감겨 있다. 8′×2.5′의 크기로 조금 늘어나고 밀집된 핵을 보여주며, 전체적으로는 일그러진 형태다.

M 65는 보다 일반적인 모습으로 나선팔이 감겨져 있

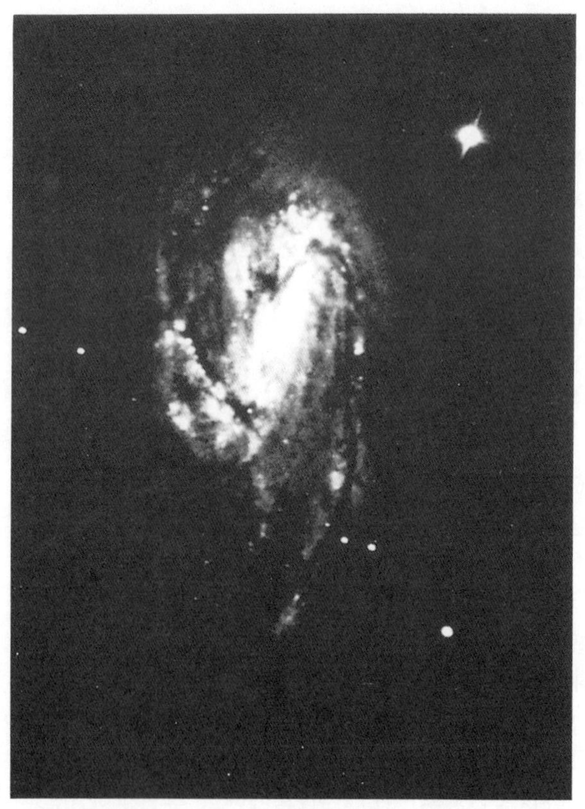

△M 66

으며, 동쪽 가장자리에 거대한 암흑대가 있다. 12′ 길이로 M 66보다 더 길고, 단면이 14° 기울어져 있는 옆면 나선은하이다.

M 66의 북쪽 35′에는 암흑대가 선명한 옆면 나선은하 NGC 3628이 선명하게 보인다. 약 12′의 길이로 두 은하보다 더 커지만, 상당히 어두운 편이라 메시에가 미처 발견하지 못한 것이다. 위의 세 은하는 3,800만 광년 거리에 놓여 있는 것으로 계산되나, 너무 크게 보여 그보다 가까운 2,900만 광년이라고 주장하는 이들도 있다. 실제 지름은 M 66이 5만 광년, M 65이 6만 광년이다. 절

△M 65

대등급은 각각 −21등급이며, 서로 18만 광년 떨어져 있다.

△보이는 모습 M 65는 사자자리의 3등급 시타(θ)별의 남동쪽 2°에 있다. 밝은 중심부가 두드러지고 길쭉한 모양이다. M 36은 보다 밝고 크다. 2개의 밝은 별이 은하 북서쪽에 놓여 있다. NGC 3628은 M 65와 M 66의 북쪽 35′에 있다. 위의 두 은하에 비해 보다 어두우나 25*cm* 구경으로 중심을 가로지르는 어두운 띠가 선명히 보인다. 70배 이하의 배율로 보면 세 은하가 한 시야에 들어와 장관을 이룬다.

M 106=NGC 4258

사냥개자리/나선은하(Sb)

$12^h19.0^m$ $+47°18$ $\phi=19.5'\times6.5'$ $V=9.0$

북두칠성을 형성하는 큰곰자리의 알파(α)별과 감마(γ)별의 연장선상과 사냥개자리와의 경계지역에 놓인 M 106은 주변의 희미한 은하들과 함께 매우 넓게 펼쳐진 큰곰자리 은하단의 일원이다. 이 은하단은 직경 11^h~13^h, 적위 +20°~+60° 사이에 펴져 있으며, 13등급보다 밝은 은하만도 211개가 있다. 이 은하단 속에서 가장 밝은 은하가 바로 M 64와 M 106이다.

M 106은 남쪽으로 잘 발달된 두 개의 나선팔을 가진 Sb형 나선은하로, 우리의 시선방향에 25° 기울어져 있다. 사진에서는 19.5′×6.5′의 크기이나, 겉보기 크기는 사진의 1/4에 불과하다. 은하까지의 거리는 2,300만 광년, 질량은 태양의 1,600억 배로 우리 은하와 비슷하다.

Δ보이는 모습 봄철에 보이는 은하 가운데 비교적 크고 밝은 은하에 속한다. 크게 펴져 있으면서도 표면이 밝아 10*cm* 구경 이하로도 잘 관찰할 수 있다. 15*cm* 구경이면 가장자리가 불규칙하고 얼룩덜룩한 타원형의 밝은 핵이 보인다. 25*cm* 이면 핵은 별상으로 드러나고, 은하의 북쪽 팔이 더 넓게 보인다. 그 가장자리에서 11등급의 희미한 별도 보인다.

M 94＝NGC 4736

사냥개자리／나선은하(Sb)

$12^h\ 50.9^m$　$+41°07'$　$\phi=5.0'\times3.5'$　V=8.9

매우 밀집되고 원형에 가까운 밝은 나선은하로, 1781년 메시앵이 발견한 9등급의 은하이다. 알파(α)별과 베타(β)별을 밑변으로 하는 이등변 삼각형의 꼭지점에서 쉽게 찾을 수 있다. 이 은하를 가리켜 스미스 제독은 「혜성과 같은 성운」으로 표현했는데, 아마 작은 별들의 성단이 압축된 것으로 생각한 것 같다.

은하는 불규칙한 얼룩을 가진 다중 팔을 가졌고, 중앙 할로가 매우 크다. 우리에게 35° 기울어져 보이는 M 94는 1,450만 광년 떨어져 있으며, 지름은 약 33,000광년, 태양질량의 290억 배이다.

Δ보이는 모습 구경 10*cm*로 밝은 원형반점으로, 15*cm*급으로는 분해되지 않는 구상성단처럼 보인다. 중앙의 밝기가 급격히 증가한다. 구경 25*cm*급으로는 동서방향이 긴 타원형과 30″ 크기의 중심핵이 매우 밝아 별과 같아 보인다. 성운 앞에 몇개의 별들이 보이고, 북쪽 10′에 9등성, 5′에 10등성이 보인다.

M 63＝NGC 5055

사냥개자리／나선은하(Sb)

13ʰ 15.8ᵐ ＋42°02′ ϕ＝9′×4′ V＝9.8

△나선은하 M 63과 서쪽 3′ 거리의 8.5등성.

약 10등급의 밝은 타원형 은하로 크기가 9′×4′이며, 부자성운(M 51)의 남동 5.5°에 위치한다. 이 M63은 매우 분명한 Sb형 나선은하로 은하 전면이 30° 정도 기울어져 있다. NGC 2841과 함께 「다중팔 나선」 은하로 알려져 있다.

거리는 3,500만 광년 떨어져 있고, 실제 지름은 9만 광년이며, 태양의 1,150억 배에 해당하는 질량을 가지고 있다. M 94와 함께 메시앵이 발견한 이 은하의 서쪽 3.6′ 위치에는 8등급의 별이 보인다.

△보이는 모습 20*cm*급으로는 약 6′′ 크기의 매우 밝은 중심을 보여주는데, 동서방향으로 늘어난 모습이며, 바깥쪽은 갑자기 밝기가 떨어진다. 구경 25*cm*로는 남쪽 면이 편편하고 단조롭게 보인다. 늘어난 팔의 서쪽 끝 3′ 거리에서 8.5등급의 별이 두드러진다.

M 51=NGC 5194

사냥개자리／나선은하(Sc)

$13^{h}\ 29.9^{m}$ $+47°12'$ $\phi=10'\times5.5'$ V=8.7

「소용돌이 은하」로 유명한 M 51은 나선형태의 은하가 존재한다는 것을 처음으로 알게 해준 은하이다. 1845년 로스 경이 아일랜드 파슨스타운에 있는 구경 1.8*m* 망원경으로 나선형태를 처음 발견했을 때는 이 「나선성운」이 새로운 태양계를 형성하는 과정에 있다고 생각했다. 그리고 이것이 라플라스의 「성운설」을 잘 설명하는 예로 알았다. 그러나 1923년 「나선성운」들이 먼 거리의 외부 은하로 밝혀지면서 이제까지 우리가 알고 있던 우주는 급격히 확장되었다.

M 51은 Sc형 나선은하의 전형으로 약 1,500만 광년 거리에 있으며, 1,600억 태양질량과 지름 10만 광년의 크기를 가진 것으로 밝혀졌다. 이는 우리 은하와 비슷한 크기이다.

M 51의 바로 북쪽 위에는 불규칙 은하인 NGC 5195가 있다. 이 은하는 3′×2′의 크기이며, M 82와 비슷한 구조를 가진 은하로 알려져 있다. 이 은하는 M 51과 별개의 존재로, 두 은하가 가까이 접근하여 북쪽을 스치듯이 통과하면서 서로의 인력으로 팔이 휘어져 연결된 것같이 보인다.

Δ보이는 모습 북두칠성의 끝별이 에타별 알카이드의 남서 3.5°에 있다. 예민한 관찰자라면 7×50 쌍안경으로 한 쌍의 작은 원형 빛조각 같은 은하를 찾을 수 있다. 15*cm*급으로 M 51과 NGC 5195는 크기와 밝기가 비슷하게 느껴져 작은 이중성운 같다. 25*cm*급으로는 M 51의 중앙 팽창부가 매우 밝고 크며 그 둘레를 아지랭이와 같은 미약한 나선팔의 흔적이 보인다. NGC 5195는 보다 밝게 보이나 외형이 불규칙하고 희미한 가스의 잔해가 M 51과 연결되어 있다.

M 101＝NGC 5457

큰곰자리／나선은하(Sc)

14^h 03.2^m ＋54°21′ φ＝22′×20′ V＝9.0

△ M 101

M 101은 Sc형 정면 나선은하의 가장 유명한 모델이다. 겉보기 크기 20′, 실제 지름 9만 광년으로, Sc형 나선은하 가운데 가장 큰 편에 속한다. 그러나 질량은 태양의 160억 배로 우리 은하의 1/10에 불과하며, 밀도 또한 매우 낮다. 나선팔에는 뜨거운 청색 별들 많이 모여 있기 때문에 가장 푸른 은하로 알려져 있다. 지금까지 이 은하에서 지난 100년간 3개의 초신성이 발견되었는데, 이것은 우리 은하가 지난 천년 동안 3개의 초신성이 발견된 것에 비해 매우 빈도수가 높은 경우이다.

거리는 1,500만 광년으로 계산되고, NGC 5474와 NGC 5485 외에 최소한 8개의 더 작은 은하들을 거느린 작은 은하군을 형성하고 있다.

Δ보이는 모습 큰곰자리의 제타(ζ)별(미자르)과 에타(η)별을 밑변으로 하는 정삼각형의 꼭지점에 있다. 쌍안경으로는 쉽게 찾을 수 있으나, 거대한 크기에 비해 표면광도가 낮아 망원경의 배율이 높으면 잘 보이지 않는다. 구경 20㎝로는 어둡고 안개 같은 타원형 반점같이 느껴지고, 매우 작은 중앙 핵이 상대적으로 밝게 보인다. 그러나 나선팔의 흔적은 전혀 찾아볼 수 없다. 구경 35㎝이면 별 같은 핵과 매우 밝은 핵 주위를 신비스럽게 감싼 팔의 불규칙한 반점들이 드러난다.

12ʰ 36.3ᵐ +25°59 ϕ=15.0′×1.1′ V=9.6

NGC 4565는 가장 크고 유명한 옆면 나선은하로서, 머리털 I 은하군의 구성원으로 여겨진다. 이 은하가 무엇보다 우리의 관심을 끄는 것은 우리의 시선방향에 평행하게 놓여 가장 전형적인 은하의 단면 모습을 보여준다는 점이다. 사진에서 보이는 것처럼 은하의 중심을 가로지르는 큰 암흑대와 둥글게 부푼 중앙 팽창부를 가지고 있는데, 이와 같은 구조는 안드로메다 자리의 옆면 나선은하 NGC 891과 함께 우리 은하와 가장 많이 닮은 모습으로 여겨진다.

현재 NGC 4565는 초당 1,200*km*로 벌어지는 적색편이를 보이고 있는데, 이것은 처녀자리 은하단 속의 은하들과 대등한 값이다. 그래도 은하의 직경이 매우 크기 때문에 대부분의 관측자들은 이보다 훨씬 가까운 2천만 광년의 거리와 9만 광년의 지름을 가진 것으로 본다.

Δ보이는 모습 은하표면의 현저한 밝기와 주변의 어두운 공간이 좋은 대조를 이룬다. 구경 15*cm*로도 크게 퍼진 중심부와 좌우로 길게 뻗은 팔이 보이나, 은하 중앙을 가로지르는 암흑대는 보이지 않는다. 25*cm*급일 경우 남동-북서 방향으로 기울어진 10×1′ 크기의 가늘고 긴 은하 단면과 중앙의 암흑대가 드러난다. 중심부는 상당히 밝아 부풀어오른 별처럼 보인다. 비슷한 모양의 옆면 은하인 NGC 891이나 NGC 4594보다 밝고 선명하여 매우 인상적인 모습을 보여준다.

M 64＝NGC 4826

사냥개자리／나선은하(Sa)

12^h 56.7^m ＋21°41′ φ＝7.5′×3.5′ V＝8.6

「검은 눈을 가진 Black-Eye」 은하로 알려진 8등급의 큰 타원형 나선은하로, 약 7.5′×3.5′의 크기이다. M 64는 J. E. 보데가 1779년 4월에 발견하여 「작은 성운 같은 별」로 기록했다. 메시에는 이것이 M 53의 약 반 정도 밝기로 생각했고, 〈샤플리-에임스 목록〉에는 M 64가 온 하늘에서 가장 밝은 나선은하 12개 속에 들어 있다.

M 64의 나선팔 구조는 Sa형인지 Sb형인지 다소 불확실하다. 사진에서 나선팔은 매우 아름답게 부드럽고 균일한 밝기를 보여준다.

은하의 적색편이는 초당 360*km*로 처녀자리 은하단의 멤버들에 비해 1/3에 불과하다. 사냥개 I 은하군의 구성원으로 여겨진다. 거리는 1,200만 광년이며, 실제 지름은 7.5′으로 48,000광년이다. 절대광도는 −20.5로 태양의 130억 배에 해당된다.

Δ보이는 모습 구경 10*cm*로 밝은 핵과 긴 타원형 모습을 쉽게 인식할 수 있다. 중심 암흑대 「검은 눈」은 여러 관측자들 사이에 의견이 분분하다. 말라스는 구경 6~10*cm*로도 보았다고 하지만, 실제로는 구경 20*cm*로도 뚜렷하게 보이지 않는다. 구경 25*cm*로는 중간배율에서 비교적 쉽게 볼 수 있는데, 조그만 핵이 갑자기 밝아져 보인다. 35*cm*로는 매우 밝은 핵에 암흑대가 더욱 대조적으로 어둡게 보인다.

$13^h\ 12.9^m$ $+18°10'$ $\phi=10'$ V=8.5

△M 53

1775년 보데가 머리털자리 알파(α)별의 북동쪽 1°에서 발견했으며, NGC 5053과 함께 한 쌍의 구상성단을 형성하고 있다. W. 허셜은 이 성단이 자신이 본 것 가운데 가장 아름다운 광경의 하나라고 기록했다. M 10과 비슷한 모양으로 약 8.5등급에 10′의 지름으로 65,000광년의 먼 거리에 놓여 있다. 절대광도는 태양의 20만 배. 남동쪽 1°에 독특한 성단 NGC 5053이 있다. 이것은 M 53보다 가까운 55,000광년 거리에 있으나, 별 수가 적어 광도가 가장 낮은 구상성단에 속하여 매우 희미하다.

Δ보이는 모습 15*cm*급으로 불규칙한 밝기의 표면과 가장자리에서 몇개의 독립된 별들이 보이는 인상적인 성단이다. 25*cm*급으로는 12등급의 별들이 포함된 매우 밝고 큰 중심을 둘러싼 가장자리가 4′ 크기로 잘 분해된다. M 10과 비슷한 모양이나, 고배율에서는 M 3의 축소판처럼 보인다.

성단 아래 9′ 위치에 9등급과 10등급의 이중성이 있다.

M 3=NGC 5272

사냥개자리／구상성단

$13^h\ 42.2^m$ $+28°23'$ $\phi=18.6$ V=5.9

M 3은 헤라쿨레스 자리의 M 13과 함께 북반구 하늘에서 가장 장엄한 모습을 자랑하는 구상성단이다.

성단의 위치가 은하수로부터 멀리 떨어져 있어 성간 흡수물질들이 거의 없기 때문에 가장 인기있는 관측대상이 되어왔다. 성단들 중에서 가장 많은 200개 이상의 변광성이 있다. 가장자리의 분해되는 44,500여 개의 별을 포함하여 약 245,000여 개의 별을 가지고 있다.

거리는 35,000~40,000광년, 지름 220광년, 나이 100억 년으로, NGC 188, M 67과 비슷하다. 다른 구상성단에 비해 밀도는 1/2에 불과하나, 넓게 확산되어 있어 성단 전면이 매우 잘 분해되어 보인다.

Δ보이는 모습 머리털자리 베타(β)별의 동쪽 6° 지점 별이 드문 지역에 있다. 쌍안경으로 쉽게 찾을 수 있으며, 구경 15*cm* 망원경으로도 가장자리가 분해되어 보이기 시작한다. 25*cm*급 고배율로는 성단 전체가 아름답게 분해되어 보인다. 성단 중심의 밝은 지역은 직사각형 형태를 보이며, 핵은 중앙에서 약간 서쪽에 치우쳐져 있다. 이 속에선 11등급의 별이 두드러지게 보이며, 원형의 가장자리는 20′ 크기까지 고르게 퍼져 있어 놀라운 대칭미와 방사상의 장관을 볼 수 있다.

M 85=NGC 4382

머리털자리／타원은하

12^h 25.4^m +18°11′ φ=3′×2′ V=10.5

처녀자리 은하단 속에서 가장 밝은 은하의 하나로, 은하단 중심에서 5° 북쪽에 있다. 이 은하단 속에서 가장 두드러지는 천체는 M 85, M 88, M 98, M 99, M 100과 NGC 4565이다. M 85는 메시앵이 1781년 처음 발견한 평범한 타원은하로 중심이 매우 밝다.

은하까지의 거리는 4,100만 광년으로 M 88과 비슷하며, 1천억 태양질량이 3′ 크기인 4만 광년 지름 속에 들어 있다. 1960년 여기에서 1개의 초신성이 발견되었고, 희미한 막대 나선은하 NGC 4394가 동쪽 7.8′ 떨어진 같은 시야 속에 보인다.

Δ보이는 모습 머리털자리의 11번 별에서 동북쪽 1.2° 떨어진 곳에 있는 매우 밝고 큰 타원은하다. 10등급의 별이 은하 북동쪽 5′에 보이고, 25*cm*급으로는 더 희미한 별이 할로의 북쪽 가장자리 속에 보인다. 은하는 3′ 크기의 밝은 중심부와 5′×6′ 크기까지 확장된 할로로 감싸여 있어 분해되지 않은 구상성단을 보는 것 같다. 은하중심 속의 핵은 준 별상으로 매우 밝으나 외곽의 할로는 급격히 어두워진다. 동쪽 8′ 거리에 동반은하 NGC 4394가 같은 시야 속에 보인다.

M 100=NGC 4321

$12^h\ 22.9^m$ +15°49′ φ=5.2′×5.0′ V=10.4

머리털-처녀 은하단 속에서 가장 큰 나선은하로, M 85, M 88 그리고 M 98로 이루어지는 큰 삼각형의 중심에 놓여 있다. 메시에는 M 98, M 99 그리고 M 100이 「약한 빛 때문에 알아보기가 매우 어려운」 성운으로 묘사하고 있다.

M 100은 작은 망원경으로 5′ 크기의 둥근 반점으로 보이지만, 사진에 찍힌 모습은 약간 경사진 상태에서 거대한 나선팔을 보여주는 인상적인 Sc형의 정면은하이다. 나선팔의 두께는 3천 광년으로 우리 은하의 2배에 달하며, 지름 11만 광년으로 안드로메다 은하보다는 조금 작다. 광도는 태양의 200억 배, 질량은 1,600억 배로 우리 은하와 비슷하다. 거리는 4천만 광년이며, 1901년, 1941년 그리고 1959년에 초신성이 발견되었다.

Δ보이는 모습 5등급인 11번과 6번 별의 중간쯤 1° 동쪽에서 둔각 삼각형의 꼭지점에 놓여 있다. 사진으로 본 은하는 크고 밝으나, 망원경으로 직접 보면 표면밝기가 낮아 밝은 중심부를 제외하고는 잘 보이지 않는다. 구경 10cm 로는 초점이 맞지 않은 별과 같은 밝은 핵만 보이며, 15cm 급으로는 밝은 핵과 4′×2′ 크기의 타원형 할로가 느껴진다. 25cm 급으로는 거의 별상과 같은 핵과 원형의 할로가 5′ 크기로 보이나, M 33이나 M 101처럼 나선팔은 보이지 않는다.

M 98=NGC 4192

머리털자리／나선은하(Sb)

$14^h13.8^m$ +14°54′ φ=8.2′×2.0′ V=11.0

크고 매우 길게 늘어진 8′×2′ 크기의 나선은하로, 메시앵이 1781년에 발견한 천체들 가운데 하나이다. 사진에서 M 98은 거의 옆면 나선은하로 보이지만 아마 Sb형일 것으로 여겨진다.

신기하게도 M 88은 처녀-머리털 은하단 지역에서 유일하게 적색편이를 보이지 않을 뿐 아니라, 초당 약 200*km* 로 접근하는 믿기 어려운 현상을 보인다. 이것이 사실이라면 은하는 단독으로 처녀자리 은하단으로부터 국부은하군 방향으로 엄청난 속도로 탈출하고 있는 셈이다.

만약 M 98이 3,500만 광년 떨어져 있다면 절대등급 −21로 M 88과 비슷하고, 지름 8만 광년 속에 1,300억 배 태양질량을 가지고 있다. 밝고 둥근 나선은하 M 99가 1.3° 동남동에 있고, 또다른 희미한 나선은하 NGC 4237이 북동 1°에 있다.

△보이는 모습 머리털자리 6번 별의 서쪽 0.3° 떨어져 있다. 80*mm* 쌍안경으로도 어둡고 긴 타원체로 보인다. 20*cm* 로는 길게 늘어져 시가를 닮은 모습이며, 25*cm* 급으로는 6′×1.5′ 정도 크기의 별과 같은 핵이 불규칙한 밝기의 중심부에서 두드러진다. M 108이나 M 82와도 닮았다.

M 99=NGC 4254

머리털자리／나선은하(Sc)

12ʰ 18.8ᵐ +14°25′ φ=4.5′×4.0′ V=10.4

밝고 둥근 Sc형 나선은하로 알렌이 바람개비 은하로 불렀다. 메시앵이 1781년에 발견했고, 로스 경이 나선팔을 인지한 두번째 은하이다. M 99는 거의 원형인 정면 나선은하로서 10.5등급 밝기와 4′의 크기이다. 나선팔의 형태가 매우 잘 보이는데, 2개의 주축 위에 불완전한 팔이 하나 더 뻗어나와 3개의 나선팔로 보인다. M 98과 달리 처녀은하단 속에서 후퇴속도가 초당 2,400*km*라는 가장 큰 적색편이를 보인다.

1961년과 1972년에 2개 초신성이 발견되었고, 거리는 4,500만에서 5천만 광년, 지름은 5만 광년, 전체질량은 태양질량의 500억 배에 이른다.

△보이는 모습 머리털자리 6번 별의 남동쪽 1° 떨어진 곳에 있는 밝고 큰 원형의 은하로, 소형 망원경으로도 잘 보인다. 구경 10*cm* 급이면 은하는 2′ 크기의 원형이 두꺼운 나선팔의 흔적 때문에 동서로 약간 거칠고 길게 보인다. 15*cm* 급으로는 중앙이 보다 밝고 뚜렷하게 보인다. 25*cm* 급은 밝고 큰 중앙부가 분해되지 않은 구상성단 같이 보인다. 두꺼운 팔의 일부가 남서쪽과 북동쪽 지역에서 뿔처럼 돌출되어 보이고, 동남쪽에 희미한 별이 하나 보인다.

M 88=NGC 4501

머리털자리/나선은하(Sb)

12^h 32.0^m +14°25′ φ=5.7′×2.5′ V=10.5

처녀-머리털 은하단에서 가장 주목할 만한 나선은하로 멋진 다중팔을 가진 은하면이 우리 시선방향에 30° 기울어져 있다. 대략적인 모습이 M 63과 닮은 이 은하는 은하단 속의 대부분 나선은하들보다 더 멀리 떨어져 있으며, 초당 약 2천*km*의 후퇴속도에 해당하는 큰 적색편이를 보인다. 거리는 약 4,100만 광년이며, 6만 광년의 실제 지름을 가지고 있다. 절대등급 −21등급, 겉보기등급 10.5등급으로, 은하단 속에서도 작은 망원경으로 관측하기 좋은 매우 밝은 은하이다. 현재까지 하나의 초신성도 발견되지 않았다.

Δ보이는 모습 「마카리안 은하고리」로 불리는 처녀자리의 중앙지역 북쪽 끝에 있다. 매우 큰 나선은하여서 구경 80*mm* 쌍안경으로도 타원형 반점으로 보인다. 20*cm*로는 남쪽 5′ 위치에 6′×3′ 크기의 성운상으로 보이는 한 쌍의 어두운 2중성과 3.5′ 북쪽에 있는 또다른 별이 드러난다.

M 91=NGC 4548

처녀자리/막대 나선은하(SBb)·

12^h 35.4^m　+14°30′　φ=3.9′×3.4′　V=10.9

M 91은 아직도 결정되지 않은 문제의 천체이다. 메시에가 표기한 위치에는 아무런 천체도 없었기 때문에 H. 샤플리와 데이비스는 메시에가 1781년의 어떤 혜성을 표기한 것으로 주장했다. 그러나 메시에 연구가인 O. 징게리히는 메시에의 관측습관으로 볼 때 M 58을 중복 관측한 것으로 추측했다. 또 〈NGC목록〉에서는 4571이 M 91일 가능성도 보인다. 그러나 이것은 너무 어두워 메시에가 도저히 관찰하지 못했을 것임이 틀림없다.

이와 같은 많은 추측 속에서 최근에는 M 91을 NGC 4548로 보는 경우가 많다. 베크바와 W. C. 윌리엄스는 10.2등급의 이 막대 나선은하가 그 근처에서 메시에가 찾을 수 있을 만큼 밝고, M 90을 기준으로 M 58과 같은 거리에 대칭적인 위치에 놓여 있기 때문에 이 은하를 선택했다. 3.9′×3.4′의 크기이다.

Δ보이는 모습 3등급의 처녀자리 엡실론(ε)별의 북서쪽 4.3°에 있다. 아주 어두운 은하로, 구경 10*cm*로 보면 중앙이 밝고 작은 원형으로 보인다. 20*cm*로는 꽤 크고 밝은 중앙지역이 찌그러진 타원형으로 보이며, 밝은 중심 속에서 핵은 보이지 않는다. 저배율의 시야에서는 남쪽 아래에 NGC 4571을 함께 볼 수 있다.

M 84＋M 86 (NGC 4374＋4406)

M 84 : 12^h 25.1^m ＋12°53′ ϕ＝2.0′×1.8′ V＝10.5 E_1

M 86 : 12^h 26.2^m ＋12°57′ ϕ＝3′×2′ V＝10.5 E_3

처녀자리 은하단의 중심의 서쪽 지역에 있는 한 쌍의 밝고 거대한 타원은하이다. 동쪽에 있는 M 86과는 겨우 17′ 떨어져 있어 어떤 망원경으로도 한 시야에 들어온다. 두 은하는 밝기도 같아 각각 10.5등급이다.

M 84는 일반적으로 나선팔이 핵에 붙어버려 사라진 E_1형 타원은하로 규정된다. 겨우 2′ 크기의 실제 지름 25,000광년으로 우리 은하의 1/4에 불과하나, 밝기는 우리 은하와 거의 맞먹는 −20.5의 절대등급을 가지며, 전체질량은 태양질량의 5천억 배에 이른다. 이는 우리 은하와 안드로메다를 합한 질량과 비슷하다. M 84는 강한 전파원이기도 하며, 1957년 핵의 48″ 북쪽에서 초신성의 폭발이 있었다.

M 86은 M 84의 동쪽 17′에 있으며, 크기와 모양이 M 84와 매우 비슷하다. 처녀자리 은하단 속에서 가장 별난 은하 중의 하나이다. 특히 적색편이를 전혀 보이지 않을 뿐더러 오히려 초당 450*km*로 우리에게 접근하고 있다. 이것은 M 86이 비정상적으로 매우 빠른 속도로 은하단을 탈출하고 있다는 이해하기 힘든 상황이다.

이것을 이해하기 위해, M 86이 은하단과 같은 방향에 보이지만 실제로는 우리에게 더 가까운 은하로 보는 견해가 있다. E. 홈베르크는 이 견해를 수용하여 이 은하가 은하단보다 훨씬 가까운 2천만 광년 거리에 있으며, 태양 1,300억 배의 질량을 가진 은하로 규정했다.

가늘고 긴 모양의 NGC 4388이 16′ 남쪽 아래에서 M 86과 함께 정삼각형을 이루고 있다.

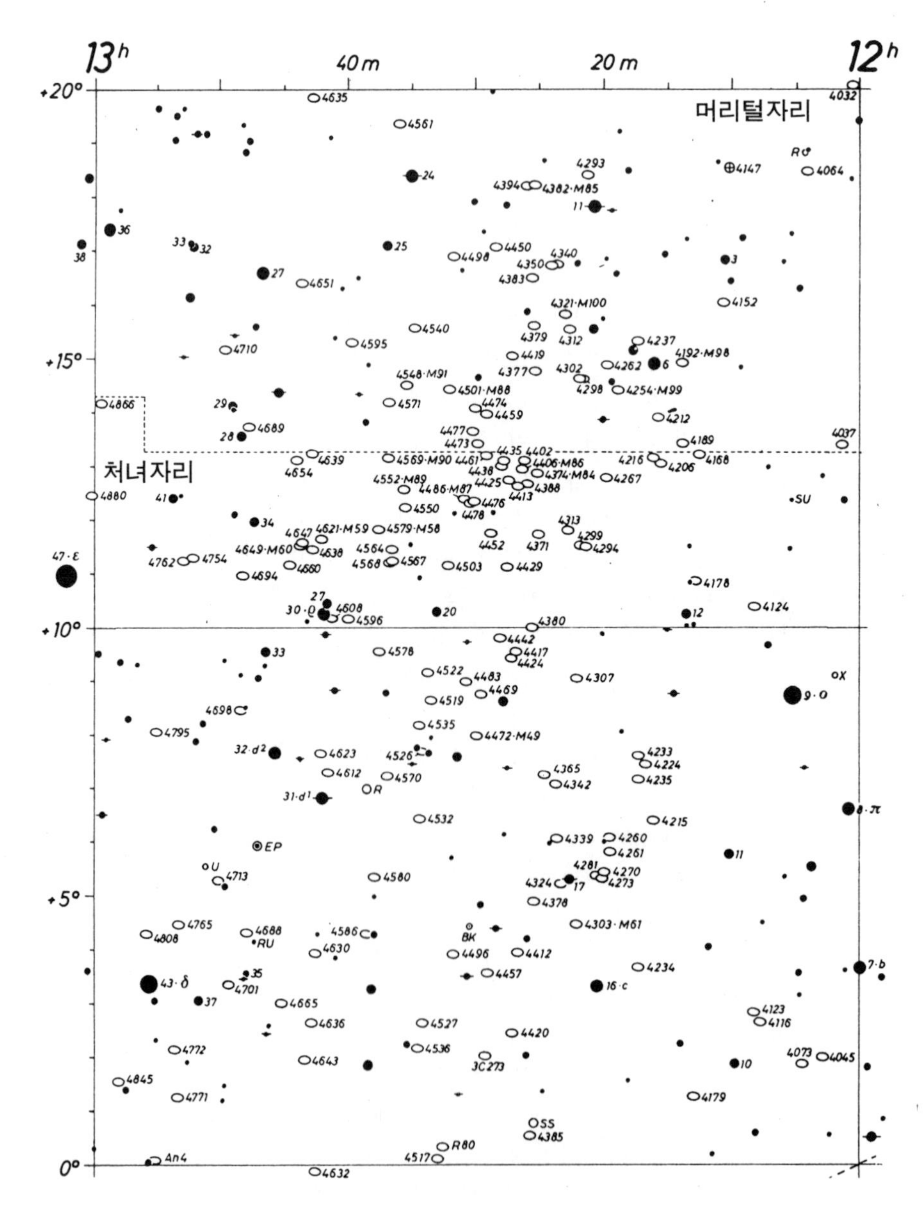
13h
40m
20m
12h
+20°
+15°
+10°
+5°
0°
머리털자리
처녀자리
4382·M85
4321·M100
4192·M98
4548·M91
4501·M88
4254·M99
4569·M90
4406·M86
4374·M84
4552·M89
4486·M87
4621·M59
4579·M58
4649·M60
4472·M49
4303·M61
3C273

처녀자리 은하단

△보이는 모습 처녀자리 은하단의 탐색을 시작할 때 첫 출발점으로 적당한 밝은 타원은하들로서, 머리털자리와 처녀자리의 경계지역에 있다. M 84와 M 86은 저배율의 넓은 시야에서 17′ 거리를 두고 함께 보인다. 두 은하는 매우 비슷한 크기와 밝기로 구별하기가 쉽지 않다.

두 은하를 소구경 망원경으로 보면 작고 둥근 회색빛 반점으로만 보인다. 구경 20*cm* 급으로 보면 M 84는 중심이 밝고 원형의 무리(할로)로 둘러싸여 있다. M 86은 M 84보다 중심이 조금 더 밝고 약간 타원형으로 보인다. 25*cm* 급이면 M 84는 중앙부가 꽤 밝아 보이나 핵은 보이지 않는다. 그러나 M 86은 M 84보다 약간 더 크게 보이고 중앙이 더 두드러지게 밝아 보인다.

두 은하 모두 작은 크기에 비해 고르게 높은 표면밝기를 보일 뿐 큰 특징을 찾기는 힘들다. 35*cm* 급에서는 M 86과 M 84의 주위에서 GNC 4435, NGC 4438, NGC 4388 그리고 NGC 4387 등 11~13등급 사이의 은하들이 10여 개나 더 보인다.

M 87＝NGC 4486

처녀자리／타원은하(E_1)

12^h 30.8^m ＋12°23′ ϕ＝3.0′ V＝10.1

M 86의 남동쪽 1.3°에 있는 가장 큰 타원은하의 하나이다. 우리 은하의 약 4배인 7,900억 태양질량과 −21등급에 이르는 밝기를 가지고 있다. 이 은하는 많은 구상성단들로 둘러싸여 있는데, 최소 1천 개에서 4천 2백 개에 이를 것으로 추정한다. 우리 은하에는 모두 140개의 구상성단이 있다.

또 M 87은 하늘에서 5번째 강한 전파를 내는 3C 274인 「처녀 A」 전파원이기도 하다. 이 강한 전파는 사진에서 보이는 핵의 북서면에서 분출되는 특이한 성운 제트와 관련되어 있다. 제트는 길이 4,100광년, 폭 400광년의 거대한 크기로, 은하핵 속에서의 거대한 어떤 폭발에 원인이 있는 것으로 보인다. 이와 같은 현상은 M 82와 페르세우스 자리에 있는 NGC 1275에서도 볼 수 있다.

1919년에 12.5등급의 초신성 하나가 핵에서 북쪽 100″, 서쪽 15″ 떨어진 곳에서 발견되었다.

△ M 87

▲보이는 모습 처녀자리 은하단 속에서 가장 밝고 은하에 속한다. 구경 10*cm*급으로도 중심이 밝은 작은 원반형으로 뚜렷하게 나타난다. 20*cm*로는 사냥개자리의 M 94와 매우 닮은 모습을 보여주지만, 4′ 크기로 핵은 나타나지 않는다. 전체 표면밝기가 매우 고르고, 중심에서 가장자리로 서서히 어두워진다. 25*cm*로는 남쪽 아래에 별과 같은 12등급의 NGC 4478이 보인다.

M 89=NGC 4552

처녀자리／타원은하(E_0)

12^h 35.7^m $+12°33'$ $\phi=2.0'$ V=11.0

M 87의 동쪽에서 조금 북쪽 1.3°에 있는 Eo형의 거대한 타원은하로 M 87과 닮았으나, 조금 작고 1등급 정도 더 어둡다. 우리 은하보다 조금 더 무거운 2,500억 태양질량을 가지고 있다. 적색편이가 초당 200*km*로 매우 적기 때문에(처녀자리 은하단 속의 다른 은하들보다) 우리 은하에서 아주 가까이 있는 것으로 보인다.

Δ보이는 모습 10*cm* 이하의 소형 망원경 저배율로는 매우 작고 둥글게 보여 별과 구별하기 어렵다. 20*cm* 로 1.5 크기의 할로가 완벽한 원형으로 보이고, 중심핵은 별상으로 매우 밝다. 은하는 대체로 작고 둥근 모양과 높은 표면밝기 때문에 특징을 찾기 힘들다.

M 90=NGC 4569

처녀자리/나선은하(Sb)

$12^h\ 36.8^m$ $+13°\ 10'$ $\phi=7.0'\times3'$ $V=8.2$

△ M 90

M 87로부터 북동쪽 1.7° 떨어져 있으며, M 89의 북쪽 1°에 있다. 처녀자리 은하단 속에서 매우 큰 나선은하의 하나이다. 7′×3′의 사진상은 우리 은하와 비슷한 Sb형 나선은하임을 보여준다.

4,200만 광년 떨어져 있고, 8만 광년의 지름 속에 태양의 800억 배의 질량을 가지고 있다.

△보이는 모습 쌍안경이나 소형망원경으로는 긴 다원형의 특색없는 밝은 아지랭이처럼 보이나, 20*cm*급으로는 밝은 별 같은 핵과 6′×2′ 크기의 할로가 성운처럼 보여진다. 은하의 표면은 밝기가 고르지 못하고 모습도 불규칙하게 느껴진다. 35*cm*급으로는 M 31의 축소판을 보는 것 같아 흥미롭다.

M 58＝NGC 4579

처녀자리／나선은하(Sb)

12^h 37.7^m ＋11°49′ ϕ＝4.0′×3.5′ V＝10.5

M 58은 처녀자리 은하단 중심에서 동남쪽 2.5°에 있는 은하로, 나선은하와 막대은하의 중간형이다.

겉보기 지름은 4′, 실제 지름은 약 5만 광년이지만, 전체질량은 우리 은하와 비슷한 1,600억 태양질량이다. 밝기는 −21등급으로 아주 밝은 절대광도를 가지며, 거리는 약 7천만 광년이다. 적색편이의 발견자인 휴 메이슨에 의하면, 초당 1,664*km*의 후퇴속도로 우리로부터 멀어져가고 있다고 한다.

Δ보이는 모습 처녀자리 로(ρ)별과 20번 별을 밑변으로 하는 꼭지점에 있으며, 서쪽 7′에 8등급의 별이 하나 보인다. 10×50 쌍안경으로는 작은 타원형의 반점처럼 보이며, 20*cm*급으로는 동서가 약간 긴 4′×3′ 크기의 타원형 할로와 밝은 중앙부에 별 같은 핵을 볼 수 있다. 근처의 M 60과 비슷한 모양이지만, 약간 더 길고 핵을 가진 중앙부가 더 밝다. 35*cm*로는 은하핵이 위쪽에 치우친 듯 은하 북쪽이 더 밝아 보인다.

M 59=NGC 4621

처녀자리／타원은하(E3)

12^h 42.0^m $+11°39'$ $\phi=2.0'\times1.5'$ V=11.0

M 58 동쪽 약 1°에서 조금 남쪽, 또는 처녀자리의 로(ρ)별 북쪽 1.5°에 있다. 11등급의 타원은하로, M 60과 함께 드레스덴의 쾰러가 1779년 4월 그해의 보데-메시에 혜성을 관측하던 중에 발견했다.

은하의 겉보기 크기는 2′×1.5′에 불과하고, 실제 지름도 겨우 24,000광년에 지나지 않는다. 이것은 M 49나 M 60보다 훨씬 작은 크기이나, 전체질량은 우리 은하를 능가하는 2,500억 태양질량을 가진다. 1939년 5월 이 은하에서 12등급의 초신성이 발견되었다.

Δ보이는 모습 넓은 시야의 저배율 접안렌즈를 사용하면 M 60과 함께 보인다. 작고 어둡기 때문에 구경 10*cm*급 이하로는 별과 구별하기 어렵다. 20*cm*급으로는 3′×2′ 크기의 흐릿한 할로가 밝은 핵을 감싸고 있는 모습을 볼 수 있다. M 60보다 더 어둡고 작게 보인다.

M 60=NGC 4649

처녀자리／타원은하(E_1)

12ʰ 43.7ᵐ　+11°33　ϕ=3.0′×2.5′　V=10.0

M 59의 동쪽 0.5°에 위치한 약 10등급의 타원은하로, 동북쪽 2.5′ 떨어져 있는 나선은하 NGC 4647과 함께 이중은하를 형성한다.

M 49와 함께 가장 큰 타원은하에 속하는 M 60은 우리 은하의 5배나 되는 1조 개의 별들이 겨우 3′ 크기인 25,000광년 범위 속에 밀집되어 있다. 동반 나선은하 NGC 4647은 M 60의 1/10에 불과한 질량을 가졌으며, 1/6의 광도를 낸다. M60 의 절대광도는 −21이며, 허블이 측정한 초당 후퇴속도는 1,312*km*이다.

△보이는 모습 밝고 뚜렷한 타원형의 모습을 보여준다. 구경 15*cm*로 2.5′ 떨어져 있는 NGC 4647이 은하 북쪽에서 희미한 별처럼 보인다. 25*cm*급으로는 거의 별과 같은 핵과 주위의 밝은 할로가 2′ 크기로 매우 둥글게 보인다. NGC 4647은 별 같은 핵만 밝게 보일 뿐 가장자리는 급격히 어두워져 2.5′의 거리가 멀게 보인다.

M 49=NGC 4472

처녀자리/타원은하(E_3)

12^h 29.8^m $+8°00'$ $\phi=4.0'\times3.4'$ V=10.1

처녀자리 은하단의 중심에서 5° 아래 위치한 은하단 속에서 가장 밝은 은하의 하나이다. 이 M49는 알려진 타원은하 가운데 가장 크고 무거운 은하이기도 하다. 계산된 절대광도는 −21.5등급, 전체질량은 우리 은하의 5배나 되는 1조 개의 태양질량을 가진다. 이것은 가장 큰 나선은하로 알려진 M31보다도 3배나 되는 수치이다. 그러나 지름은 5만 광년으로 우리 은하의 1/2에 불과하다. 우리로부터 1초에 912km의 속도로 멀어지고 있다. 거리는 4,200만 광년.

Δ보이는 모습 구경 10cm급으로는 어떤 특징있는 구조도 식별할 수 없다. 마치 분해되어 보이지 않는 소형 구상성단 같다. 20cm급으로는 꽤 밝게 보이며, 4′ 지름의 중앙부와 핵을 볼 수 있다. 25cm급으로는 매우 밝은 핵이 보이고, 은하 가장자리로 갈수록 급속히 어두워진다.

은하 중심에서 45″ 동쪽 가장자리에 13등성이 보인다.

M 61＝NGC 4303

처녀자리／나선은하(Sc)

$12^h\ 21.9^m$ ＋4°28′ φ＝5.7′×5.5′ V＝10.2

이탈리아 천문학자 오리아니가 발견한 정면 나선은하로, 처녀자리의 감마(γ)별로부터 북동쪽 약 8°에 있다. 오리아니가 이 은하를 발견한 며칠 후 메시에도 이것을 찾아냈으나, 혜성으로 착각했다. 영국해군 천체관측자인 스미스 제독은 M 61이 너무 어두워서 메시에가 찾은 것이 매우 놀랍다고 언급하고 있다.

M 61은 처녀자리 은하단 속에서 가장 큰 나선은하 중 하나이다. 직경 6만 광년에 우리 은하의 1/4인 500억 개의 태양질량을 가진다. 은하의 북쪽 가장자리 팔이 보다 밝고 두껍다. 현재까지 1926, 1961 그리고 1964년에 걸쳐 3개의 초신성이 폭발했다.

Δ보이는 모습 구경 10*cm*로는 밝은 중심을 가진 희미한 원반처럼 보인다. 20*cm*급으로는 3′의 지름에 별과 같은 핵을 볼 수 있으며, 25*cm* 이상이면 핵이 더욱 뚜렷하게 보이고 밝은 중심지역이 약간 늘어진 타원형으로 나타난다.

M 104=NGC 4594

까마귀자리/나선은하(Sa/b)

12^h 40.0^m $-11°37'$ $\phi=6'\times2'$ $V=8.2$

「솜브레로 은하」로 유명한 M104는 옆면 은하의 좋은 예의 하나이며, 때때로 나선은하에서 타원은하로의 과도기에 있는 은하로 간주된다. 1781년 메시앵에 의해 발견된 이 은하는 처녀자리 은하단의 중심에서 20°나 남쪽에 위치하지만, 일반적으로는 은하단의 한 구성원으로 인정되고 있다. 대부분의 목록에는 Sa 또는 Sa-Sb의 중간으로 규정하고 있다. 전체 모습이 매우 뚜렷하며 밝고, 적도면에 잘 알려진 거대한 암흑대가 존재한다. 은하가 우리의 시선방향에 6° 기울어져 있어 은하의 윗면이 더 밝고 크게 보여 비행접시 같은 인상을 준다.

겉보기 크기는 6′×2′에 지나지 않아 약간은 실망스러울지 모르나, 실제는 우리 은하의 7배에 해당하는, 태양의 1조 3천억 배나 되는 가장 무거운 초거대 은하에 속한다. 지름도 매우 밝은 8만 2천 광년의 할로를 포함하여 13만 광년으로 우리 은하를 훨씬 능가하며, 절대광도는 −22, 거리 4천만 광년이다.

Δ보이는 모습 까마귀자리의 3등성 에타(η)별의 북쪽 5°에 위치한다. 구경 10*cm*급으로 보면 밝은 중심을 가진 불분명한 볼록렌즈 모양이 보인다. 20*cm*로는 은하 남쪽 중심지역을 가로지르는 암흑대가 뚜렷이 보이며, 은하 북쪽과 서쪽에서 여러 개의 이중성과 산만하게 흩어져 있는 별들이 드러난다. 25*cm* 이상으로는 6′×2′ 크기의 비행접시 모습이 매우 또렷하다. 남쪽 하늘에서 아름다운 대칭미를 보여주는 인상 깊은 은하다.

12^h 39.5^m −26°45′ φ＝9′ V＝9.0

까마귀자리의 베타(β)별 남쪽 3.5° 위치의 바다뱀자리에서 1780년에 메시에가 발견한 구상성단이다.

M 5나 M 13만큼 크고 밝지는 않으나, 큰 망원경으로는 매우 멋진 모습을 감상할 수 있는 구상성단이다. 최소 10만 개 이상의 별들이 2′ 범위의 중심 속에 모여 있다. 전체 9′ 크기, 100광년의 지름이다. 거리는 46,000광년이며, 모두 36개의 변광성이 알려져 있다.

△보이는 모습 구경 7.5cm로는 분해되어 보이지 않으며, 다만 어둡고 뿌옇게 보이는 커다란 타원형을 이루고 있다. 구경 15cm로는 지름이 4′으로 보이나 아직 분해되지는 않는다. 25cm로는 남과 서 지역에 더 맑은 별들의 원호가 보이고, 중심의 북서 약 5′에 노란색 별이 보인다. 300배 고배율에서 전체적으로 잘 분해되지만, 밀집된 중심은 여전히 뿌옇게 보인다.

M 83=NGC 5236

바다뱀자리／막대 나선은하(SBc)

13^h 37.7^m −29°52′ φ=10′×8′ V=8.0

처녀자리의 알파별인 스피카 남쪽 18° 떨어진 바다뱀과 센타우루스 자리의 경계선에 있는 M 83은 남쪽 하늘에서 가장 밝은 은하의 하나이자 온하늘에서 25번째의 밝은 은하에 해당한다. 1752년에 라카유가 희망봉에서 발견했다. 이 은하의 현대 사진들은 SBc형 막대 나선은하 중에서 최고의 정면모습을 보여준다. 매우 두꺼운 나선팔에는 푸른색 초거성들이 많아 초신성의 산실이다. 1923년 이후에만도 M83에서는 1950, 1957, 1968, 1983년 등 총 5개의 초신성이 폭발했다. 이는 지난 1천 년간 우리 은하에서 나타난 초신성의 숫자보다도 많은 것이다.

NGC 5236의 크기는 3만 광년으로 그리 크지 않은 편이나, 거리가 겨우 1천만 광년밖에 되지 않아 장엄한 모습을 마음껏 즐길 수 있다.

은하는 NGC 5128과 NGC 5253과 함께 작은 은하군을 이루는 구성원이다.

Δ보이는 모습 바다뱀자리 파이(π)별(3등성)에서 남서 6.5° 떨어져서 밝은 별이 드문 지역에 있다. 고도가 매우 낮아 서울에서 멀리 떨어진 남부지역이 관측에 유리하다. 구경 15㎝급으로 크고 어두운 할로가 길죽한 타원형으로 보이며, 밝은 핵이 느껴진다. 25㎝로는 북서쪽 가장자리가 더 밝고 주변은 흐릿한 성운으로 감싸여 있는 듯이 보인다. 두 개의 희미한 별이 두 팔의 끝으로 여겨지는 지점에 하나씩 보이는 모습이 앙징맞은 느낌을 준다.

오메가(ω)성단＝NGC 5139

$13^h\ 26.8^m$ $-47°29'$ $\phi=30'$ V=4.0

우리 은하 속에 알려진 110개의 구상성단 가운데 가장 크고 밝은 성단이다. 맨눈으로도 흐릿한 4등급의 별로 보이기 때문에 이미 1,800년 전 프톨레마이오스 시대 성표에 기록되었다. 17세기 초 바이에르(Bayer)가 별로 생각하여 그리스 문자 오메가(Ω)로 표기했고, 이후 핼리가 최초로 성단임을 확인했다.

오메가(ω)성단은 우리 나라에서 관측할 수 있는 최저 고도의 성운·성단 천체이다. 처녀자리의 스피카로부터 남쪽으로 39°나 아래에 있어 경남 화왕산에서도 겨우 지평선에서 7° 높이로 남중한다.

성단의 겉보기 크기는 30′, 실제 지름은 크기 150광년이나, 사진상에는 70′ 이상, 350광년에 이른다. 이 크기는 보름달 지름의 2배가 훨씬 넘는 크기이다. 성단까지 거리는 18,000광년, 은하면에서 겨우 15° 위에 떠 있다. 성단중심에서 별 사이의 평균거리는 1/10광년으로 태양 주위보다 25,000배 높은 밀도이다. 은하 중심은 1억 년 주기로 회전한다.

Δ보이는 모습 엄청난 크기와 밝기, 별의 분해 정도가 어떤 구상성단과도 비교할 수 없을 정도로 월등하다. 구경 25*cm*, 100배로 잘 분해되어 보이나, 고도가 낮아 배경 하늘이 밝은 탓으로 성단 자체의 모습이 선명하게 두드러지지 않는 것이 아쉬운 점이다.

NGC 5128

센타우루스 자리／타원은하

13^h 25.5^m　$-43°01'$　$\phi=10'\times8'$　$V=7.2$

NGC 5128은 우리 나라에서 볼 수 있는 남천의 천체 중 오메가(ω)성단과 함께 가장 흥미로운 대상이다. 이것은 오메가 성단 북쪽 4.5°에 10′ 크기의 구형으로, 중심을 가로지르는 유명한 거대 암흑대를 가진 대형 타원 은하이다.

이 은하는 2천억 개의 태양을 포함하며, 우리 은하의 1천배 되는 강한 전파를 내고 있다. 1,500만 광년 떨어져 있으며, 실제 지름은 10만 광년이다.

Δ보이는 모습 구경 25*cm*급으로 암흑대가 선명하게 보이고, 끊어질 듯한 중앙부분도 쉽게 보인다. 대의 폭은 1′, 길이는 6′ 정도이고, 동쪽 끝부분이 넓고 선명하다. 거의 원형의 할로 위에 몇개의 별들이 돋보이게 빛난다. 지평선보다 겨우 9~10°까지만 떠올라 남부지역에서만 관측이 가능하다.

2. 여름의 성운·성단

M 5＝NGC 5904

밤자리／구상성단

15^h 18.6^m ＋2°05′ φ＝19.9 V＝5.7

초여름의 밤하늘에서 볼 수 있는 구상성단 가운데 M 13, M 3과 함께 가장 크고 밝은 구상성단이다. 전체 밝기는 모든 구상성단 가운데 5위이다. 단지 오메가(ω)성단, 큰부리새자리 47번 별(NGC 104), M 22 그리고 M 13만이 M 5보다 밝다. 이것은 M 11을 발견한 G. 키르흐가 혜성 탐색 중 발견했다. 메시에는 M 5를 「별이 없다고 확신할 수 있는 훌륭한 성운」이라고 잘못 묘사했다.

성단 속에는 97개의 변광성이 알려져 있는데, 이 숫자는 오메가(ω)성단과 M 3 다음으로 많은 갯수이나, 거리는 26,000~27,000광년으로 M 3과 비슷하며, 나이는 130억 년으로, 은하 역사에서 매우 초기에 형성된 가장 나이 많은 구상성단에 속한다.

△보이는 모습 뱀자리 알파(α)별에서 남서쪽 약 2°의 밝은 별이 드문 지역에 있다. 성단의 모습은 완전히 구형이 아닌 10% 정도 찌그러진 현저한 타원형이다. 중심은 매우 밀집되어 있으며, 삼각형 형태의 핵이 존재한다. 성단 가장자리에 뚜렷한 방사상 별흐름을 느낄 수 있는데, 때때로 이것은 희미한 나선팔처럼 보인다. 말라스는 이것을 「거미의 다리」로 묘사했다. 성단 바로 아래 20′ 거리에 밝은 이중성 5번 별이 보인다.

M 10 (NGC 6254) + M 12 (NGC 6218)　　밤주인자리／구상성단

M 10 : 16^h 57.1^m −4°06′ ϕ =14.5′ V=6.6

M 12 : 16^h 47.2^m −1°57′ ϕ =15.1′ V=6.6

뱀주인자리는 밤하늘 최고의 구상성단 밀집지역으로, 약 140여 개로 추산되는 우리 은하 전체의 구상성단 가운데 1/6이 넘는 24개의 구상성단이 모여 있다. 이중 밝은 7개는 <메시에 목록> 속에 들어 있는 M 9, M 10, M 12, M 14, M 19, M 62 그리고 M 107이다.

이 지역에서 가장 밝고 큰 구상성단은 M 10과 M 12로, 이들은 서로 가까이 이웃해 있고 크기와 밝기가 비슷해 마치 쌍둥이처럼 보인다.

M 10과 M 12 모두 메시에에 의해 발견되었지만, 다른 구상성단들과 마찬가지로 「별이 없는 성운」으로만 알려졌다가 W. 허셜에 의해 비로소 낱개의 별들로 뭉쳐진 구상성단임이 밝혀지게 되었다.

M 10은 별자리 중심에 있는 붉은색의 5등성인 30번 별 서쪽 약 1°에 있으며, 성단의 밝기는 6.6등급, 겉보기 크기는 15′이나 실제 크기는 80광년이다. 성단 속에서 발견된 3개의 변광성으로 측정된 성단까지의 거리는 약 22,000광년이다.

M 12는 M 10의 북서쪽 3.4° 떨어져 있으며, M 10보다 조금 더 크게 보이나 밀집도는 떨어진다. 거리는 M 10과 비슷하며, 두 성단은 서로 3,500광년 떨어져 있다.

Δ보이는 모습 M 10은 뱀주인자리 중앙에 있는 5등급의 30번 별 서쪽 곁에 있어 찾기 쉽다. 쌍안경으로는 연하게 퍼진 작은 성운 같으나, 15㎝급의 망원경은 성단

△M 10

가장 자리가 분해되어 보이기 시작한다. 25cm급으로 저배율일때는 약 10′의 지름에 4′ 크기의 밝은 중심부를 가진 성운으로 보이고 100배 내외에서 외곽지역이 잘 분해되며, 200배로는 성단 전체가 아름답게 분해되어 보인다.

M 12는 M 10보다 더 느슨하게 뭉쳐져 있어 15cm로도 비교적 잘 분해되어 보인다. 25cm급으로는 전체적으로

△M 12

둥근 모양이나 밝은 중심부는 약간 찌그러져 보이고 별들도 M 10보다 더 잘 분해되어 보인다.

M 107＝NGC 6171

16^{h} 32.5^{m} −13°03′ ϕ＝4′ V＝10.0

피에르 메시앵이 발견했으나 최근에야 〈메시에 목록〉에 추가된 7개의 대상 중 하나로, 작고 느슨한 구상성단이다. 8등급의 이 성단은 뱀주인자리 속에 있는 24개의 구상성단 가운데 분해하기가 가장 쉬운 대상이다. 중심이 약하게 뭉쳐져 있고 가장자리가 넓게 퍼져 육안으로는 4′ 크기를 넘지 않으나, 사진은 10′ 크기에 이른다. 중금속의 성분을 많이 포함한 별들로 구성되어 있고, 거리는 1만 광년, 실제 지름은 50광년이다.

Δ보이는 모습 3등급의 제타(ζ)별 남서쪽 2.8°에 있으며, 뱀주인자리 속에서 가장 분해하기 쉬운 구상성단이다. 구경 10*cm*로 가장자리에서 몇개의 별들이 분해되기 시작하고, 15*cm* 고배율로는 공 같은 원형과 핵 주위에 산재한 빛의 반점들이 드러난다. 25*cm*로는 동서가 조금 길고, 전면이 선과 덩어리로 배열된 상태로 분해되어 보인다.

M 9=NGC 6333

뱀주인자리/구상성단

17ʰ 19.2ᵐ −18°31′ ϕ=4′ V=9.0

M 9→

메시에가 1764년 5월 뱀주인자리에서 발견한 3개의 구상성단(M 9, M 10, M 12) 가운데 첫번째로, 부근의 성단 중에서 가장 작다. M 9는 은하 중심으로부터 약 7,500광년 거리로 우리 은하 핵에서 매우 가까이 위치해 있다. 태양계에서 26,000광년 떨어져 있고, 실제 지름은 약 60광년, 밝기는 태양의 6만 배에 달한다.

동남쪽 약 1.2°에 매우 작은 구상성단 NGC 6342가 놓여 있고, 북동쪽에는 M 9보다 조금 작은 NGC 6356이 있다. 로스 경은 M 9가 둥글지 않고 남쪽 바깥부분이 암흑성운에 의해 분리되어 있다고 했다.

△보이는 모습 3등성인 뱀주인자리 에타(η)별 3° 남동쪽에 위치한다. 구경 10*cm*로는 늘어진 타원형의 작은 공 같이 보이며, 20*cm*급 중간배율로는 가장자리가 분해되어 보인다. 25*cm*급은 고배율에서 산뜻하게 분해되어 보이며, 적당히 밀집된 중심이 드러난다.

M 80＝NGC 6093

전갈자리／구상성단

$16^h\ 17.0^m$　$-22°59'$　$\phi=7'$　V=8.5

전갈의 심장 안타레스와 베타별 사이에 있는 작지만 매우 밝은 구상성단이다. 남쪽에 있는 M 4에 비하여 상대적으로 작고 밀집되어 있어「조그만 혜성의 밝은 핵을 닮았다」는 메시에의 묘사가 실감난다. 성단은 36,000광년 떨어진 거리에서 50광년밖에 안되는 작은 크기이나, 절대등급이 −8.4에 이르러 태양의 19만 배 빛을 내고 있다.

1860년 구상성단 속에서는 처음으로 신성이 발견되었는데, 이러한 경우는 1938년 M 14에서 한 차례 더 발견되었을 뿐이다. 이때의 신성은 7등급으로서, 절대등급이 −8.5로, 태양의 20만 배로 빛났다. 이것은 성단 전체의 밝기를 능가하는 밝기이다.

Δ보이는 모습 15*cm*급 고배율에서 가장자리가 조금 분해되기 시작하고, 25*cm*급이면 거의 별 같은 핵과 4′ 크기의 밝고 밀집된 모습이 보인다. 예상보다 작은 크기라서 실망스러울지 모르나, 매우 밝아 마치 하얀 탁구공이 천공에 떠 있는 것 같다. 성단 북동쪽 5′에 8.5등급의 밝은 별 하나는 보너스로 볼 수 있는 것이다.

16^h 23.6^m $-26°32'$ $\phi=26'$ $V=5.8$

우리 태양계에서 가장 가까운 구상성단으로, 매우 느슨하게 퍼져 있으며 중앙 집중도가 낮다. 이제까지 알려진 가장 가까운 구상성단은 제단자리의 NGC 6397로 7,200광년 떨어진 거리였으나, M 4는 그보다 가까운 5,100~6,200광년 사이로 밝혀졌다. 따라서 구경 10~15*cm* 망원경으로도 산개성단과 같은 인상을 준다.

Δ보이는 모습 전갈자리의 안타레스에서 서쪽 1° 지점에 흐릿한 점으로 보이는 것을 찾을 수 있다. 이것이 바로 M 4이다.

M 4의 특징적인 모습은 중심지역에 11등급의 별들이 막대처럼 연이어져 있는 것이다. 이것 때문에 성단의 모습이 찌그러진 원형으로 보인다. 큰 구경의 망원경은 성단 가장자리에 은하의 나선팔과 비슷한 별들의 휘어진 연속선이 보이고, 안타레스 북서쪽 30′ 거리에 더 작은 구상성단 NGC 6144도 보인다.

$17^h\ 02.2^m$ $-26°16'$ $\phi=13.5'$ V=6.7

뱀주인과 전갈자리의 경계지역인 안타레스 동쪽 7°에 있는 M 19는 은하중심에서 겨우 3천 광년 떨어져 있어 은하 내에 파묻혀 있는 구상성단이다. 성단의 밝기는 6.7등급이며 13.5′의 크기로, 아래에 있는 M 62보다 더 느슨하게 뭉쳐져 있어 비교적 잘 분해되어 보인다. 성단의 모양은 아주 심하게 찌부러져 보이는데, 장축은 거의 남북을 향하고 있다.

M 19 부근 지역은 성간먼지가 매우 많은 지역이기 때문에 성단까지의 거리를 정확히 계산하기가 어렵다. 일반적으로 M 10이나 M 12보다는 멀지만, 3만 광년 이내의 거리로 추정되고 있다.

△보이는 모습 뱀주인자리의 4등급 36번 별의 서쪽 3°에 있다. 너무 남쪽에 위치하여 분해상태가 완벽하지 않다. 구경 20㎝급으로 보면 가장자리가 분해되어 보이고, 남북 축이 동서 축보다 10~15% 더 길어 보인다. 성단 동쪽 2°에 구상성단 NGC 6293의 모습도 아울러 볼 수 있다.

M 62＝NGC 6266 밤주인자리／구상성단

17^h 01.2^m −30°07′ φ＝14′ V＝6.7

M 7과 전갈자리의 안타레스 사이에서 메시에가 발견한 구상성단으로 허셜이 M 3의 축소판으로 생각하고도 산개성단으로 잘못 파악한 천체이다.

M 62는 구상성단 가운데 가장 심한 비대칭의 모습을 보여준다. 1847년 존 허셜이 처음 심한 비구형의 외관을 지적한 이후 샤플리는 이것을「가장 불규칙한 구상성단」으로 불렀다. 성단의 지름은 14′이며, 전체광도는 6.7등급이나, 이 지역이 은하중심 쪽으로 성간먼지들이 많이 분포된 곳이라 광도가 2.4등급이나 낮게 나왔다. 이것은 또한 M 62가 〈메시에 목록〉 중에서 가장 혜성과 닮은 모습을 보여주는 이유의 하나이기도 하다.

성단까지의 거리는 약 26,000광년이다.

Δ보이는 모습 4° 북쪽에 있는 M 19와 비슷한 크기와 밝기이다. 그러나 M 62는 확실히 찌그러진 불규칙한 모습으로 보인다. 구경 15*cm*이면 매우 밝은 중심부와 불규칙한 밝기의 할로를 볼 수 있다. 25*cm*면 성단의 핵이 중심에 있지 않고 약간 동쪽에 치우쳐 있음을 알 수 있다. 35*cm*로는 외곽지역이 매우 아름답게 분해되어 보이고 남동쪽 가장자리 면에서 잘린 듯이 편편하게 보인다.

M 6=NGC 6405

전갈자리／산개성단

17^h 40.1^m −32°13′ φ=26′ V=4.6 ☆=132

M 6은 M 7과 함께 〈메시에 목록〉의 천체 중에서 가장 남쪽에 자리잡은 크고 밝은 산개성단이다. 기원후 38년 프톨레마이오스가 지은 〈알마게스트〉에 「성운」으로 기록되었을 만큼 오래 전부터 알려진 천체이다.

성단에는 6등성에서 10등성 사이의 밝은 별들이 50여 개 분포하는데, 가장 밝은 별은 황금색의 거성인 BM별이다. 성단의 나이는 약 1억 년으로 플레이아데스 성단보다 오래 되었고 M 7보다는 훨씬 젊다. 거리는 약 1,500광년.

△보이는 모습 M 6은 맨눈으로 쉽게 보이고, 쌍안경으로는 멋지게 분해되어 보인다. 「나비성단」이라는 별명처럼 중심의 밝은 7개' 별들이 3열로 줄지어 있어 날개를 펼친 나비를 연상시킨다. BM별을 포함한 4개의 가장 밝은 별들은 동서로 길게 늘어진 평행사변형을 보여준다. 15㎝ 구경으로 50여 개의 별을, 25㎝ 구경으로는 45′ 크기 속에 100여 개의 별들을 볼 수 있다. 사변형 서쪽변 두 별 사이에는 10~11.5등급의 별무리가 V자형을 이루고 있다.

17ʰ 53.9ᵐ −34°49′ ϕ=50′ V=3.3 ☆=54

M 7은 맨눈으로 볼 수 있는 5~6등급의 별만도 5개 포함하고 있는 매우 크고 찬란한 성단이다. 이 성단은 프톨레마이오스 이후 모든 관측자들에게 알려져 있던 역사 깊은 천체이다.

성단의 밝은 중심부분은 약 30′의 크기로 5.6~8.99등까지 20개의 별과, 10등급보다 밝은 약 80개의 별들이 최고 1.2° 넓이에 퍼져 있다. 성단 전체는 프레세페(M 44)와 닮았다.

M 7의 북서 20′ 위치에는 희미한 구상성단 NGC 6453이 있다. 이것은 W. 허셜의 아들이며 〈G C목록〉을 만든 위대한 관측자 J. 허셜이 발견했다. 약 1′ 크기에 11등급의 희미한 별같이 보이는 성단이다. 남동 45′에는 어두운 산개성단 H 18이 80여 개의 별들로 이루어져 있다.

Δ보이는 모습 전갈 꼬리에 해당하는 람다(λ)별 위 4°에서 맨눈으로도 환히 보인다. 성단이 매우 밝고 넓게 퍼져 있어 11×80 쌍안경으로 관찰하는 것이 망원경보다 더 적절하다.

성단 중심집단의 남서면에 한 쌍의 노랑색 별과 청색 별들이 모여서 K자 형태의 현란한 별무리를 이룬다.

$16^h32.6^m$ $+36°28'$ $\phi=23'$ V=5.7

M 13은 북반구 하늘에서 가장 밝고 큰 구상성단으로 헤르쿨레스 자리에 있다. E. 핼리가 1714년 처음 발견하고, 그로부터 50년 후 메시에가 이를 다시 발견, 「밝고 둥글며 별이 없고, 가장자리로 갈수록 어두운 성운」이라고 기록했다. W. 허셜은 이 성단 속에서 처음으로 낱개의 별들을 인식하고 14,000여 개의 별들이 모여 있다고 발표했다. 지금까지 이 성단 속에는 50만 개 이상의 별들이 포함되어 있는 것으로 밝혀졌다.

M 13은 25,000광년 거리의 가까운 구상성단에 속한다. 성단의 겉보기 지름은 23′이지만, 실제 지름은 170광년 이상이다. 대부분의 구성원들은 지름 100광년 이내의 성단 중심부에 밀집해 있고, 가장자리의 별들은 200광년 이상 바깥에도 있다.

사진으로 본 성단의 모습은 별들이 매우 조밀하게 모여 있는 것처럼 보이나, 실제 별들간의 거리는 평균 1광년이나 된다. 이 정도의 밀도는 태양 주변에 비해 500배 정도 높으나 거대한 공간에 비하면 절대적으로 넓은 빈 공간을 확보하고 있는 셈이다.

그러나 성단 중심은 이보다 7~8배 더 밀집되어 있어, 만약 이 속에 행성이 존재한다면 그 주민들은 밤을 알지 못할 것이다. 그곳의 밤하늘은 밝은 별들로 가득 차 있어, 성단 바깥의 다른 성단이나 은하들을 관측할 수 없게 만들 것이기 때문이다. 그들에게는 주위의 밝은 하늘을 꽉 채운 성단 그 자체가 우주의 전부일 것이다.

Δ보이는 모습 헤르쿨레스 자리의 북쪽 사다리꼴을 형성하는 에타별과 제타별을 잇는 선상 1/3 위치 아래에서 맨눈으로 찾을 수 있다. 맨눈에는 흐릿한 별같이 느껴지고, 파인더나 쌍안경으로는 밝고 둥글고 조그만 보풀 같다. 구경 15*cm* 로 가장자리가 부분적으로 분해되기 시작하고, 25*cm* 로는 밝고 매우 밀집된 중앙지역을 제외하고

▽구상성단 M 13

는 매우 잘 분해된다. 성단은 전체적으로 불가사리의 다리처럼 밝은 별들이 불규칙한 열을 보이고, 동쪽 면이 약간 밋밋해 보인다. 35*cm* 급으로는 성단의 전표면에 걸쳐 수백 개의 작은 빛의 점으로 분해되어 놀라운 장관을 보여준다. 중심지역은 별들의 광도 차이로 입체적인 느낌도 준다. 성단 북동 30′ 위치에는 작지만 밝은 은하 NGC 6207이 선명하게 보인다.

M 92＝NGC 6341

헤르쿨레스자리／구상성단

17^h 17.1^m ＋43°08′ φ＝8′ V＝6.5

헤르쿨레스 자리에서 M 13 때문에 그늘에 가린 대단히 밝고 밀집된 성단이다. 1777년 12월 J. E. 보데가 발견하고 메시에도 1781년 3월 독자적으로 발견했다. M 92는 M 13에서 약 9° 떨어져 있고, 파이(π)별 북쪽 6°에 있다. 성단은 중심이 매우 밀집되어 있고 이 속에 16개의 변광성이 알려져 있다. 그중 14개는 주기가 짧은 거문고자리 RR형 변광성이고, 하나는 식변광 쌍성이다. 이상하게도 식변광 쌍성은 구상성단 내에 거의 없다. 백만 개 이상의 별들이 모인 오메가(ω)성단에서도 단 1개의 식변광 쌍성이 발견되었을 뿐이다.

성단까지의 거리는 35,000광년이며, 태양의 25만 배의 빛을 내고 있다. M 13보다 조금 더 오래 된 성단이다.

Δ보이는 모습 성단은 밝은 별이 드문 지역에 외따로 놓여 있다. 15*cm*급으로도 매우 밝고 압축된 중심과 가장자리의 분해된 별들이 보인다. 25*cm*급으로 성단은 매우 아름답게 분해되나 밀집된 중심은 분해되지 않는다. 성단은 약간 기운 남북방향의 세로축이 길게 발달해 있고, 동면 가장자리가 서면보다 편편하게 다져져 있다. 동쪽에서 6′ 떨어져 있는 별은 10등성이다. 35*cm*급 고배율로 보면 이 성단은 M 13에 필적하는 아름다움을 보여준다.

M 57=NGC 6720

거문고자리/행성상 성운

18^h 53.6^m +33°02′ ϕ=80″×60″ V=9.5

거문고자리의 이 행성상 성운은 다른 어떤 유명한 천체보다 크기가 작으나 아름다운 가락지 모양 때문에 가장 널리 알려져 있다. 메시에와 다르퀴에가 동시에 발견했다. 성운중앙에 있는 별은 1800년 독일의 F. 폰한이 처음 발견했는데, 15등급에서 16등급 사이로 변광하기 때문에 거대 망원경과 사진으로만 볼 수 있다. 중심별의 겉보기 밝기는 15.4등급이며, 여기서 나오는 고온의 자외선 복사 에너지로 성운이 빛나고 있다. 이 성운의 고리는 지금도 초당 약 20*km*의 속도로 팽창하고 있는데, 이를 역산하면 약 2만 년 전에 중심별이 폭발했던 것으로 추정된다.

크기는 약 3만*AU*(약 0.5광년)이며, 지구로부터의 거리는 약 2,000~2,500광년으로 알려져 있다.

Δ보이는 모습 거문고자리의 이 가락지 성운은 구경 6~8*cm* 망원경으로 쉽게 찾아볼 수 있다. 15*cm*급으로는 타원형의 고리 모양을 식별할 수 있으며, 중심에서 약 1′ 떨어진 동쪽 가장자리에 12등급의 별을 볼 수 있다. 25*cm* 망원경 250배이면 고리 속의 빈 공간을 확연히 볼 수 있다. 그러나 고리 속에 엷은 가스가 남아 있어 사진처럼 선명하게 보이지는 않는다. 중심별은 35*cm* 이상의 굴절망원경이 필요하기 때문에 사실상 볼 수 없다.

M 56＝NGC 6779

거문고자리／구상성단

19^h 16.6^m $+30°11'$ $\phi=5'$ V＝8

백조자리의 알비레오와 거문고 자리의 감마(γ)별 사이에 있는 조그만 구상성단이다. 메시에가 1779년 1월 19일에 발견한 2개의 천체 중 하나로, 4일 후 두 천체 중 움직이지 않은 이것을 M 56으로, 다른 하나는 혜성으로 판정했다.

이것은 중앙집중이 뚜렷치 않은 5′ 크기의 혜성상 같은 성단으로 보여진다. 거리는 약 46,000광년이며, 실제 지름은 60광년이다.

Δ보이는 모습 작고 불규칙한 모양으로 혜성과 닮은 모습의 구상성단이다. 성단 서쪽 가장자리에 10등급의 별이 두드러지게 보인다. 구경 15*cm*로 몇개의 밝은 별들만 분해되어 보일 뿐, 뿌연 빛덩이에 지나지 않지만, 25*cm* 고배율로 보면 느슨하게 퍼진 3′ 크기의 지름 안에서 분해되기 시작한다. 은하수 속에 파묻혀 있어 배경의 아름다움을 즐길 수 있는 은하다.

M 27＝NGC 6853

작은여우자리／행성상성운

19^h 59.6^m ＋22° 43′ ϕ＝8′×5′ V＝7.5

「별이 없는 성운」이라는 묘사와 함께 메시에가 1764년에 발견한 이 M 27은 북천에서 가장 밝은 행성상 성운이다. 그뒤 로스 경이 그의 대형 망원경을 통해 이 천체를 관찰하고, 역도선수의 아령과 비슷하게 생겼다 하며「아령성운」으로 유명해졌다.

소련의 여성 천문학자 O. H. 추도비체바는 25년의 격차를 두고 촬영한 성운사진을 비교해 M 27이 매년 0.068″씩 팽창하고 있다고 했다. 이것이 정확하다면 M 27은 3,4천 년 전 탄생했을 것으로 여겨진다. 그러나 최근의 관측결과는 성운이 매년 0.005″씩 팽창하고 있으며, 약 45,000년 전에 폭발했다고 한다. 거리는 지구에서 가장 가까운 물체 중의 하나이다.

Δ보이는 모습 우리 나라 장구 모양과도 비슷하다. 구경 20*cm*급이면 성운 서쪽 가장자리에서 9등급의 별이 북동면의 팽창하는 가스체 가운데 자리하고 있는 모습을 볼 수 있다. 가스체의 표면 밝기는 남서면이 가장 밝고, 중심과 북서면은 조금 어둡다.

30*cm* 이상의 망원경으로는 중심성을 볼 수 있는데, 광도가 13.8등급에 불과한데다 주위 가스체가 밝기 때문에 주의 깊게 관찰해야 식별할 수 있다. 성운의 남서면 가장자리에도 희미한 별이 두 개 더 있다.

M 71＝NGC 6838

화살자리／구상성단

19^h 53.8^m ＋18°47′ φ＝6′ V＝8.5

화살자리에 있는 M 71은 희미한 별들이 매우 밀집되어 있어, 구상성단인지 산개성단인지가 불확실한 천체이다. 견우성 북쪽 10° 은하수 속에 자리하고 있다.

트럼플러와 샤플리는 이 성단이 비상식적으로 밀집되어 있음에도 불구하고 산개성단으로 생각했다. 그러나 대부분의 현대 목록에는 구상성단으로 규정하고 있다. 구성원들의 H-R도도 구상성단과 비슷하다. 그러나 중앙 밀집 정도가 구상성단으로서는 상대적으로 낮다. 거리는 약 8,500광년으로 가장 가까운 성단의 하나이다. 성단 아래 30′ 떨어진 곳에 H 20 산개성단이 있다.

Δ보이는 모습 화살자리의 감마(γ)별과 델타(σ)별 사이에 위치하며 서쪽 15′ 떨어져 Y자형 별무리가 있다. 구경 10cm로는 불규칙하게 둥근 모습과, 밝은 지역이 V자형을 이루고 있는 것을 볼 수 있다. 그 아래에 11등성 하나가 보이고, 20cm 200배이면 부분적으로 분해된다. 25cm로는 성단 서쪽면이 보다 예리하게 분해되고, 가장자리 팔들을 포함하여 50여 개의 별들이 분해된다. 저배율로는 30′ 아래 H 20 속에서 8~9등급이 이중성과 삼중성이 함께 보인다.

$17^h37.6^m$ $-3°15'$ ϕ＝6^- V＝9.5

M 14는 특별히 밝지도 크지도 않은 성단으로 뱀주인자리의 타우(τ)별과 41번 별 사이에 위치한다. 1764년 메시에가 발견했으며, 존 허셜은 M 14가 「가장 아름답고 우아한 성단」이라고 묘사했다. 1964년 캐나다의 구상성단 전문가인 H. B. 소여 호그와 그녀의 동료가 1938년에 찍은 M 14의 사진 속에서 신성을 발견했다. 지금까지 구상성단 속에서 발견된 신성은 3개에 불과하다. 그중 하나는 전갈자리 T성으로 1860년에 관측되었고, 1943년 궁수자리의 NGC 6553에서 하나씩 발견되었다.

성단까지의 거리는 23,000광년, 지름은 5,500광년이다.

△보이는 모습 주위에 있는 M 10이나 M 12보다 작고 어둡지만 꽤 인상적이다. 구경 15cm 급으로 작고 둥근 성운상으로만 보이나, 25cm 부터는 완전한 구형의 모습과 성단 가장자리에서 부분적으로 분해된다. 성단 속의 대부분 별들이 15등급이기 때문에 35cm 급 이상에서 아름다운 모습을 볼 수 있다.

M 11=NGC 6705

방패자리／산개성단

18ʰ 51.1ᵐ　−6°16′　φ=25′　V=5.8　☆=682

여름 은하수 속에 있는 최고의 산개성단으로 방패자리 별밭의 북쪽 가장자리에 있다. 베를린 천문대의 고트프리드 키르흐가 1681년에 발견했다. 1715년 핼리가 그의 간단한 목록에 「성운 모양의 별들」로 표기해 놓았고, 1749년 르 장티는 「대문자 V형으로 히아데스 성단과 비슷하다」고 묘사했다.

현대의 관측자들은 M 11을 가장 밀집한 산개성단으로 간주한다. 쌍안경이나 저배율의 망원경으로 본 모습은 구상성단과 흡사하다. 성단의 지름은 25′으로 이 속에 14등성보다 밝은 600여 개의 별들이 모여 있다. 전체질량은 태양의 2,900배, 밝기는 1만 배, 거리는 5,500광년으로 추정되며, 나이는 5억 년으로 프레세페(M 44)와 플레이아데스의 중간이다.

Δ보이는 모습 M 11은 북천에서 가장 아름다운 산개성단의 하나로, 방패자리 에타(η)별의 서쪽 1.5°에서 맨눈으로 찾을 수 있다. 부채모양의 이 성단을 가리켜 스미스 제독은 「날으는 물오리떼와 닮았다」고 했다.

쌍안경으로는 별이 없는 성운같이 보이나, 구경 15*cm*이면 많이 분해되어 보이고, 성단중앙의 황금색 8등성이 두드러지며, 구경 25*cm* 이상이면 구상성단같이 매우 밀집된 별들의 장관을 보여준다.

M 26＝NGC 6694

방패자리／산개성단

18^h 45.2^m −9°24′ ϕ＝9′ V＝9.5 ☆＝120

화려한 방패자리의 은하수 속에 있는 산개성단으로, M 11의 남남서 약 3.5°에 자리한다. 1750년경 르 장티(Le Gentil)가 발견한 것으로 믿어진다. 메시에는 2′ 정도의 크기라고 했으나, 현대 사진으로는 9′ 정도의 크기로 밝혀졌다. 전체광도는 9.5등급이며, 거리는 4,900광년으로 M 11보다 조금 가깝다. 성단의 실제 지름은 16광년이다.

△보이는 모습 방패자리의 4등급 알파(α)별에서 동남동 2.5°에 자리잡고 있는 M 26은 쌍안경으로 보면 희미하게 빛나는 빛의 얼룩처럼 보인다. 성단의 남서 가장자리를 살펴보면 9등급의 별 하나가 눈에 띄게 밝게 보인다. 구경 20㎝급으로 보면 성단중앙에 4개의 밝은 별이 「연」 모양처럼 보이며, 전갈자리 윗부분과 닮았다는 것을 알 수 있다. 전체적인 모습은 남북으로 두 개의 바람개비 날개처럼 보이는 곡선을 따라 별들이 흩어져 있다.

M 16＝NGC 6611

밤자리／산개성단・산광성운

$18^h18.8^m$　$-13°47'$　$\phi=25'$　V=6.5

궁수자리의 M 17 오메가 성운의 북쪽 3°에 있는 M 16은 넓게 퍼져 있는 산개성단과 이 성단을 둘러싼 거대한 성운으로 이루어진 대상으로, 「독수리 성운」이라는 별명을 갖고 있는 유명한 성운이다. 첫 발견자인 셰조와 메시에 등 초기 관측자들은 M 16이 넓게 퍼져 있는 성단으로만 알았다. 메시에는 이 성단의 크기를 8′ 정도로 생각했으나, 현대 사진에는 성단 크기의 4배나 되는 성운이 드러난다. 이 성운은 성단 속에 있는 100여 개의 푸른 별과 흰 별에 의해 빛을 내고 있는데, 전체적인 크기와 구조가 별이 탄생되고 있는 장미성운의 글로뷸과 비슷하다. 성운을 이루는 주요 물질은 수소이온이다.

성단의 크기는 25광년이며, 이를 감싸고 있는 성운의 전체 크기는 70광년이나 된다. 성운까지의 거리는 약 8천 광년이며, 북서쪽에 작은 산개성단 M 19가 있다.

Δ보이는 모습 소형 망원경으로 보면 M 16은 산개성단만 뚜렷하고 성운은 식별하기 어렵다. 성단은 중심에 8등급의 쌍성을 포함한 8~10등급 별이 15개 모여 있다. 성운은 성단의 남동쪽 아래로 펼쳐져 있으나 사진처럼 선명하지 않다. 구경 25*cm* 이면 성단 속에는 붉은색의 어두운 별들이 많이 보이는데, 성운의 차폐가 원인일 것이다. 35*cm* 에서 성단은 북서면에 50여 개의 별이 집중되어 있다. 남쪽과 남동쪽에 밝은 별들이 성운으로 가려 별이 드문 지역을 에워싸고 있다. 성운의 북쪽 끝은 암흑성운이 침입하여 오리온 성운의 「물고기 입」처럼 보인다.

M 17=NGC 6618

18^h 20.8^m $-16°11'$ $\phi=45'\times35'$ V=7.0

M20으로부터 은하수를 따라 북동방향으로 약 8° 움직이면 M17에 이르게 된다. 관측자들은 이것을 「백조」 「오메가」 또는 「말발굽 성운」 등으로 다양하게 불러왔다. 이 성운은 1746년 봄 셰조(Cheseaux)가 발견하고 1764년 메시에가 재발견했다. 그는 이것을 「5~6′ 길이의 별이 없는 빛의 띠」로 묘사했다. 그뒤 존 허셜이 성운 속의 밝은 부분들이 그리스 문자 Ω(오메가)와 닮았다고 기록한 뒤부터 오메가 성운으로 부르기 시작했다.

이 성운은 M8과 달리, 성운을 빛나게 하는 에너지원인 뚜렷한 성단이 보이지 않으며, 성운 속에 단지 35개의 별들이 산만하게 보일 뿐이다. 성운의 크기는 밝은 「2」자형 중심이 12광년이고, 외곽의 흐린 부분까지는 40광년에 이른다. 거리는 5,700광년 떨어져 있다.

Δ보이는 모습 북반구 하늘에서 오리온 성운을 제외하고는 가장 밝고 선명한 모습을 보여주는 발광성운이다. 구경 15*cm* 로 보면 성운은 Ω형태보다 휘갈긴 「2」자 형태에 가깝다. 성운은 동서방향으로 긴 밑변과 고리 같은 머리 부분이 선명하다. 밑변은 매우 굵고 밝고, 특별히 동편 끝에서 2/3 지점이 가장 밝은 반면, 서쪽은 별이 없고 어둡다. 성운 북쪽에서 50여 개의 별들이 25′ 크기 속에 모여 있다.

M 24＋NGC 6603

궁수자리／산개성단

M 24 : 18^h 18.4^m $-18°25'$ $\phi=2°\times1°$ V=4.8

NGC 6603 : $\phi=5'$ V=11.5

산개성단 NGC 6603을 포함하는 은하수의 별구름이다. 맨눈으로 이 거대한 은하수의 별구름이 보임에도 불구하고 1764년 메시에의 보고 때까지 아무도 언급하지 않았다. 메시에는 M 24가 「지름 1.5°인 몇 부분으로 나누어진 성단」으로 보고했다. 그러나 M 24는 사실 산개성단이 아니라, 은하수 중심의 별이 밀집된 지역 일부가 암흑성운에 의해 분리되어 보이는 곳이다. 이 거대한 별구름의 겉보기 크기는 2°×1°이며, 북동-남서 방향으로 기울어져 있다.

〈NGC 목록〉에는 M 24와 NGC 6603이 같은 대상으로 되어 있으나, 이 둘은 동일한 것이 아니다. NGC 6603은 M 24인 거대한 별구름 북쪽에 놓인 전체 밝기 11.4등급인 작고 밀집된 산개성단으로, 메시에의 망원경으로는 볼 수 없는 천체일 뿐만 아니라, 그의 M 24에 대한 묘사와도 다르다. 성단 속에서 가장 밝은 별은 14등급이고 크기는 5′이다. 성단까지의 거리는 16,000광년으로 알려져 있고, 실제 크기는 20광년이다. 이것이 정확하다면 M 24의 크기는 560광년이다.

△NGC 6603

△보이는 모습 M 24는 맨눈으로 쉽게 알아볼 수 있고, 쌍안경으로는 희뿌연 별구름이 몇몇 밝은 별들을 포함한 거대한 성운 같다. 구경 25*cm* 급과 35*cm* 급 저배율로 이 지역을 보면 시야 속의 모든 공간이 작은 별들로 빽빽이 들어찬 은하수 최대의 찬란한「별의 바다」를 이루고 있다. 은하수의 진정한 모습을 가장 잘 알 수 있는 지역이다.

NGC 6603은 M 24 북동쪽에 놓여 있는 매우 식별하기 어려운 성단이다. 이것을 보기 위해서는 최소한 20*cm* 급 이상의 망원경이 필요하다. 성단은 M 24의 북동쪽 끝에 놓인 6.5등급의 두 별과 7.5등성으로 이루어진 삼각형의 중심에 놓여 있다. 20*cm* 로 성단은 타원형의 작은 성운 같으나, 25*cm* 로는 중심이 밝고, 12등급의 많은 별들이 성단 주변에서 분해되어 보인다. 구경 35*cm* 이면 성단은 매우 아름답게 분해되고, 남동-북서 방향으로 밝은 중심렬이 나타난다. 이때 성단은 10′ 크기에 70여 개의 별들이 모여 있고, 남쪽 바로 아래에 7등급의 붉은 별이 인상적으로 보인다.

M 18=NGC 6613 궁수자리/산개성단

$18^h19.9^m$ −17°08′ φ=7′ V=8.0

M 17의 1° 아래에 있는 빈약한 산개성단으로, 〈메시에 목록〉 중에서 가장 가볍게 다루어지고 생략되는 대상이기도 하다. 메시에가 1764년 이 성단을 발견하고, 「성운기가 있는 5′ 크기의 작은 성단」으로 묘사했다. 실제 성단은 겨우 12~20여 개의 밝은 별들로 이루어진 매우 빈약한 모습이다. 메시에가 보았다는 성운은 실제로는 보이지 않는데, 이것은 M 24와 연결되는 은하의 수많은 별들이 밀집된 지역이 분해되어 보이지 않아 성운으로 착각한 것으로 보인다. 성단까지의 거리는 4,900광년이다.

Δ보이는 모습 매우 작고 빈약한 성단으로 12~20여 개의 밝은 별들이 M 17과 M 24의 한가운데 모여 있다. 10여 개의 별들이 성단의 서북면에 모여 있고, 그중 3개가 작은 호를 그리고 있다.

M 25＝IC 4725

궁수자리／산개성단

$18^h31.6^m$ $-19°15'$ $\phi=35'$ V=5

M 25는 M 24의 동쪽 3.5°에 위치한 넓게 퍼진 산개성단으로, 12등급보다 밝은 50여 개의 별과 더 희미한 수십 개의 별들이 35′의 범위 속에 모여 있다. 1746년 스위스의 셰조가 처음 발견한 뒤 〈메시에 목록〉에도 기록되었으나, 존 허셜이 그의 〈GC 목록〉에서 빠뜨린 결과 〈NGC 목록〉에도 오르지 못했다. 그뒤 1908년에야 〈IC 목록〉에 기록되었다.

성단 속에서 가장 밝은 별은 궁수자리 별로 알려진 변광성이다. 이 별은 6.3~7.1등급까지를 주기 6.74일로 변하는데, 산개성단에서 보기드문 세페이드 형 변광성이다. 이 별은 또한 이중성으로 9.5등급의 짝별(쌍성)이 66.5″ 거리를 두고 있다.

성단의 겉보기 크기는 35′, 실제 지름은 20광년이며, 거리는 약 2천 광년 떨어져 있다.

Δ보이는 모습 맨눈으로 찾을 수 있고 쌍안경으로도 30여 개의 밝은 별들이 보인다. 구경 15*cm* 로 성단은 매우 느슨하게 퍼져 있으나, 중심에는 붉은 색을 띤 U별을 포함하여 8개의 별들이 가까이 모여 있다. 구경 25*cm* 로는 다양한 색상을 보여주는 화려한 별들과 여러 개의 짝별들을 포함하여 70여 개의 별들이 보이며, 중심의 별이 많은 지역이 동서방향으로 줄지어 마주보고 있어 길고 곧은 길을 형성하고 있다.

M 23=NGC 6494 궁수자리/산개성단

$17^h56.8^m$ $-19°01'$ $\phi=25'$ V=6.0

M 8과 M 20을 잇는 선을 3배 연장하면 궁수자리 북서쪽 가장자리에 있는 M 23에 이른다. 이 산개성단은 1764년 6월 20일 밤에 메시에가 발견한 것으로, 그는 이날 밤 M 23, M 24, M 25 세 대상을 한꺼번에 발견했다.

성단은 보름달 크기보다 약간 작은 25′의 크기 속에 9~13등급 사이의 별이 100여 개 모여 있다. 성단의 가장자리 경계가 뚜렷하지 않아 성단의 실제 크기와 거리가 아직 결정되지 않았으나, 거리는 약 4,500광년, 실제 크기는 30광년 정도로 추정된다.

Δ보이는 모습 쌍안경으로 쉽게 분해되어 보이는 크고 밝은 성단이다. 20*cm* 구경으로는 성단 북서쪽에 6.5등급의 밝은 별이 눈에 띄고, 북동 가장자리에 있는 8등급의 별을 중심으로 성단이 부채처럼 펼쳐져 있다. 25*cm* 로는 40′ 크기의 시야 속에 100여 개의 별들이 아름답게 보인다.

M 8+M 20(NGC 6523+6514)

궁수자리／산광성운

M 8 : 18^h 03.8^m −24°23′ V=5.0

M 20 : 18^h 02.6^m −23°02′ ϕ=25 V=5.0~8

「라군」 성운으로 알려진 여름철 최대의 산광성운 M 8은 40여 개의 별로 이루어진 산개성단 NGC 6530을 포함하고 있다. 밝고 달 없는 밤에 이 성운은 우리 은하의 강가에 걸터 앉은 「빛의 섬」처럼 느껴진다. 성운의 첫 발견자는 르장티로 알려지고 있으나, 1680년에 플램스티드가 「성운」으로 처음 언급했다. 메시에가 이것을 「성운처럼 보이나 좋은 망원경으로는 별들이 모인 커다란 집단」으로 기술한 것으로 보아 NGC 6530을 M 8로 여긴 모양이다.

성운을 오랜 노출로 찍은 사진을 보면 복잡한 구조로 밝은 성운과 암흑성운이 뒤섞여 있는 모습을 보여준다. 여기서 가장 현저한 특징은 폭 2′의 성운의 중앙을 비스듬히 가로지르고 있는 어두운 선이다.

이 중앙의 어두운 선이 만든 차폐지역이 「라군」 성운이라는 이름의 기원으로, 아그네스 클라크가 1890년에 발행한 〈별의 체계〉에서 처음 사용했다. 그러나 대부분의 현대 관측자들은 이 라군(석호)의 비유가 부적당하다고 보고 「수로」나 「해협」에 많이 비유한다.

이 수로로 나누어진 성운의 동쪽에 약 10′ 크기의 산개성단 NGC 6530이 있다. 대부분의 발광성운 속의 성단들과 마찬가지로 이 성단 역시 나이가 백만 년 이하인 가장 젊은 별들로 이루어져 있다. 성운의 서쪽지역 속에는 2개의 밝은 별이 3′ 거리로 놓여 있다. 이중 남쪽에 있는 별이 궁수 9번 별인 5.97등급의 O_5형 별인 성운을 빛나게 하는 주 에너지원이다.

성운까지의 거리는 2,500~5,000광년 사이로 불확실하다. 성운까지의 거리는 3,000광년으로 볼 경우 크기는 60×40광년이다. 성운의 북북서 1.5°에는 M 20과 M 21이 있고 남동 1°에는 먼 구상성단 NGC 6544가 1′의 크기로 보인다.

M 20은 M 8의 북북서 1.5°에 위치한 성운으로 1747년 르장티가 M 8을 관찰하던 중 발견했다. 성단으로 파악했던 메시에와는 달리 W. 허셜이 성운상태를 하고 그의 아들 J. 허셜이 이 갈라져 있는 성운을 「Trifid(삼렬성운)」로 부른 후 이 별칭으로 유명해졌다.

성운은 직경 20′×15′이며 성운 중심에 3중성인 HN 40이 있다. 이 별은 절대등급이 −5.2등성이나 되는 O_7형의 매우 뜨겁고 밝은 별로, 성운이 빛나는 직접적인 에너지를 공급하고 있다. 그러나 소형망원경으로는 이 별이 6.9와 8등급으로 이루어진 2중성으로만 보인다.

대부분의 산광성운과 마찬가지로 M 20도 정확한 거리가 알려지지 않고 있다. 여러 목록에서 M 20이 M 8과 거의 비슷한 거리에 놓인 것으로 보고 있으나, 근래에 릭 천문대는 M 20이 M 8보다 최소한 1,500광년 더 멀리 있다고 발표했다. M 20과 M 8 모두 강한 전파원이기도 하다. 성운 북동쪽 약 40′에 있는 M 21이 함께 보인다.

M 21＝NGC 6531

궁수자리／산개성단

18^h 04.6^m　−22°30′　ϕ＝12′　V＝6.7　☆＝63

M 21은 맨눈으로 보이는 M 8 라군 성운의 북쪽 2°, M 20 삼렬성운의 위쪽 0.7°에 있는 작은 산개성단이다. 메시에가 1764년 6월 M 20을 관찰하던 중에 발견했다. 별들이 꽤 밀집해 있는 이 성단은 약 6개의 8등급 별들이 타원형으로 무리를 이루고 있으며, 그 밖에 보다 어두운 별들이 수십 개 주위에 흩어져 있다.

거리는 약 2,200광년으로 M 20보다 가깝고, 12′ 크기의 겉보기 지름이 실제로는 17광년이다.

Δ보이는 모습 M 20 삼렬성운에 가까이 자리잡고 있어 50배 이하의 저배율로 잡으면 같은 시야에 함께 보인다. 11×80 쌍안경으로는 매우 밝고 잘 분해되어 보이며, 20*cm* 저배율이면 10′ 크기 속에서 30여 개의 별들이 반짝인다. 성단중앙에 9등급의 황색별과 10등급의 별이 각거리 30.9″로 떨어져 있다. M 20과는 느슨한 별들의 징검다리로 이어지고 있는 모습이 장관이다.

M 28=NGC 6626

궁수자리／구상성단

18ʰ 24.5ᵐ　−24°52′　ϕ=11′　V=6.8

궁수자리의 람다(λ)별 북서 0.8° 위치에서 쉽게 찾을 수 있는 구상성단으로, 3° 거리에 있는 M 22와 비교되는 중앙이 가장 밀집된 성단의 하나이다. 빛을 가리는 은하수의 먼지 속에 자리잡고 있어 선명하게 분해해 보기가 어렵다. 메시에가 1764년 7월에 발견하여 「별이 없는 둥근 성운」으로 기록했다.

M 28은 초당 약 2*km*라는 매우 느린 속도로 멀어지고 있는데, 이것은 이 성단이 15,000광년이 채 안되는 가까운 거리에서 은하를 회전하고 있기 때문이다. 이는 또한 지름 65광년의 작은 크기인 이 성단의 겉보기 크기가 11′ 정도로 크게 보이는 이유이기도 하다.

성단의 절대광도는 −7등급으로 태양의 5만 배다.

△보이는 모습 쌍안경으로는 별처럼 밝은 핵만 보인다. 구경 15*cm*로 핵 주위를 감싼 2′ 크기의 밝은 원반으로 보일 뿐 전혀 분해되어 보이지 않는다. 25*cm* 고배율이면 가장자리가 약간 분해되어 보이고, 2′ 크기의 중심과 4′ 크기의 할로로 밝기가 나누어진다. 표면밝기는 중심에서 가장자리로 갈수록 급격하게 떨어진다.

M 22＝NGC 6656

18^h 36.4^m $-23°54'$ $\phi=24'$ V＝5.1

M 22는 온하늘에서 6번째로 큰 구상성단인 동시에 북반구 하늘에서는 M 13에 이어 두번째 큰 구상성단이다. 이 천제는 독일 천문가 헤벨리우스와 A. 일레가 1665년 함께 발견한 것으로 믿어진다. 메시에는 이것을 1764년에 재발견하고「별이 없는 둥근 성운」으로 기록했다.

M 22의 광도는 오메가(ω)성단, 큰부리새 47번 별에 이어 3번째 밝기인 5.1등급이고, M 13은 4번째인 5.7등급이다.

성단은 매우 쉽게 분해되어 보이는데, 이는 북반구 하늘에서 가장 가까운 거리(1만 광년)에 놓인 영향도 있다. 게다가 M 22는 은하면에서 가장 가까운 거리에 놓여 있어 때때로 밝은 행성이나 혜성과 같은 시야에 보이기도 한다. 1977년 12월 12일에는 수성이 M 22를 통과했고, 금성도 78년 1월 초에 함께 보였다. 작고 흐릿한 성단 NGC 6642가 약 1° 서쪽에 떨어져 있다.

Δ보이는 모습 11×80 쌍안경으로 매우 크고 둥근 솜덩이처럼 보인다. 구경 10*cm*로는 성단 가장자리가 약간 분해되어 보이고, 구경 25*cm*, 200배로는 M 13에 비교될 만큼 인상적이며 중심부분까지 분해된다. 이때는 지름 20′ 정도의 크기로서, 현저한 타원형을 이루고 있다. 35*cm*로는 사진 이상의 박력은 느낄 수 있다. 놀랍고도 충격적인 모습으로 남쪽하늘의 압권이다.

M 29＝NGC 6913

20^h 23.9^m ＋38°32′ ϕ＝7′ V＝7

백조자리 감마(γ)별 남쪽 1.7°에 위치한, 작고 특색없는 산개성단이다. 작은 망원경으로 오리온 성운 속의 트라페지움과 비슷한 사다리꼴을 연상시킨다. 성단의 크기는 약 5′이고, 외곽 별들을 7′~8′ 크기에까지 분포한다. 이 M 29는 은하수 내의 성간먼지들이 많이 분포하는 지역 안에 놓여 있어 3등급 정도로 어두워 보인다. 이 지역의 먼지 밀도는 은하 평균의 1천 배이다.

거리는 7,200광년으로 추산되고, 실제 지름 15광년, 전체광도는 태양의 5만 배이다.

Δ보이는 모습 작고 예쁜 산개성단으로 구경 15*cm*로는 7′ 크기 속에서 최소 15개의 별들이 모여 있는 것을 볼 수 있다. 성단의 중심에는 7,8개의 밝은 별들이 모여 있고, 4개의 가장 밝은 별은 사각형을 형성하며, 나머지는 사각형에 잇대어 작은 삼각형을 형성하고 있다. 전체 모습은 M 18과 닮았고, 9등성보다 밝은 6개의 별들에는 약간의 가스가 덮여 있는 것을 느낄 수 있다.

NGC 6992-5(면사포 성운)

백조자리/초신성 잔해

20ʰ 56.4ᵐ +30°41′

백조의 오른쪽 날개깃 부분에는 여름 하늘에서 가장 잘 알려진 장관이 펼쳐진다. 고대 초신성 폭발의 잔해로 믿어지는 「면사포 성운(또는 베일 성운)」은 망원경을 가진 아마추어라면 한번 도전해볼 만한 가치가 있는 성운이다. 면사포의 망상 조직은 세 개의 주요부분으로 나누어진다. 가장 밝은 부분인 NGC 6992는 이 고리의 동쪽 원호이며 약 1° 길이로 광시야 아이피스로 보면 좋은 구경거리다. 또한 중간배율을 사용하면 성운의 미묘한 그물망 구조를 보다 잘 볼 수 있다.

면사포 성운의 한쪽 끝 부분은 NGC 6960이다. 백조자리 52번 별인 4등성을 중심으로 남북으로 팽창해 있는 회색의 가늘고 긴 띠 모양을 갖추고 있다. 이 별은 성운과 관계없이 전면에 위치해 있지만 성운의 모습변화를 측정하는 기준자다. 이 별의 북쪽지역은 남쪽지역보다 더 잘 보이는데, 이것은 52번 별의 밝은 빛 때문에 성운의 남쪽 반이 완전히 보이지 않게 사라져버렸기 때문이다.

면사포의 셋째 부분이자 가장 어두운 부분인 NGC 6979는 앞의 두 특색있는 이웃들과는 달리 약 2분의 1°직경의 형태가 뚜렷하지 않은 빛덩이다.

NGC 7000(북아메리카 성운)

백조자리/초신성 잔해

20^h 58.8^m $+44°19'$ $\phi=120\times100'$

백조자리 속의 가장 유명한 천체는 NGC 7000인 「북아메리카 성운」이다. 우리 은하 속에서 우리가 볼 수 있는 별들 가운데 가장 밝고 뜨거운 별인 데네브의 약 3° 동쪽에 위치한 이 성운은 관측자들에게 많은 논쟁거리가 되는 대상이다. 일부 관측자들에게 이 천체는 어떤 망원경으로도 볼 수 없기 때문에 하늘에서 가장 보기 힘든 물체로 인식돼 있다. 그러나 어떤 이들에게는 맨눈으로 보이는 가장 보기 쉬운 성운으로 알려져 있다.

북아메리카 성운을 정말로 맨눈으로 볼 수 있을까? 경남 화왕산과 천황산 같은 뛰어난 관측지점에서 이것을 맨눈으로 보았다는 주장들이 있다. 국내의 훌륭한 관측가인 황준호씨도 이를 맨눈으로 관측했다고 주장한다. 그러나 어떠한 망원경으로도 이 성운을 볼 수 없다. 표면광도가 낮기 때문이다. 쌍안경은 NGC 7000을 보여줄 수 있다. 북아메리카 성운에서 「미국 동부해안」에 해당하는 지역은 암흑성운 Lynds 935의 검은 윤곽 때문에 7배 쌍안경으로 쉽게 보이는 반면에, 플로리다와 멕시코만 지역은 11(배)×80급 이상의 쌍안경이 필요하다. 매우 확산된 서부해안 지역은 거의 구별하기 어렵다.

북아메리카 성운을 여러 번 관찰한 후라면 그 속의 산개성단 NGC 6996에 도전해보는 것도 바람직하다. 오대호 위치와 비슷한 곳에 40여 개의 희미한 별들이 7′ 크기 속에 몰려 있다.

M 39＝NGC 7092

백조자리／산개성단

21^h 32.2^m ＋48°26′ ϕ＝32′ V＝4.6 ☆＝28

백조자리의 데네브 동북동 9° 떨어진 곳에 있는 크지만 엉성한 산개성단으로, 쌍안경으로 쉽게 보이는 대상이다. 너무 넓게 퍼져 있어 관측하는 데 망원경으로는 적당하지 않다. 일반적으로 1750년 르 장티가 발견한 것으로 알려져 있으나, 이미 기원전 325년 아리스토텔레스가 이를 혜성 같은 물체로 보았다는 기록을 남기고 있다.

거리 800광년, 실제 지름 7광년이다.

Δ보이는 모습 약 30개의 7~10등급 별들이 모여 있고 30′ 크기 속에 12개의 밝은 별들이 정삼각형을 이루고 있다. 11×80 쌍안경이면 가장 좋은 모습을 감상할 수 있을 것이다.

M 52=NGC 7654

카시오페이아자리／산개성단

$23^h\ 24.2^m$ $+61°36'$ $\phi=13'$ $V=6.9$ ☆=130

카시오페이아와 세페우스 자리의 경계지역 은하수 속에서 메시에가 발견한 뒤 M 52는「성운과 함께 있는 작은 성단」이라고 묘사되었다. 하지만 실제로는 성단 속이나 근처에는 성운이 전혀 없다(사진으로만 검출되는 산광성운 NGC 7635가 가장 가까운 성운으로 성단 남동쪽 36′ 거리에 있다).

성단의 구성원들은 9~13등급이며, 13′의 크기 속에 130여 개의 별들이 모여 있다. 이 별들의 대부분은 플레이아데스 성단 속의 별처럼 갓 태어난 어린 별들이다. 거리는 약 6,200광년이다.

△보이는 모습 삼각형 모양에 8등급의 노란색 별이 꼭지점에 있다. 15*cm* 구경으로 30여 개의 희미한 별들이 분해되어 보인다. 25*cm*급으로는 중심이 상당히 밀집된 모습과, 불규칙하게 퍼진 주변에서 80여 개의 별들이 드러난다. 전체적으로 둥근 형태이고, 성단 북동과 남서면에 2′ 크기의 작은 무리가 형성되어 있다.

23ʰ 57.0′ +56°44′ φ=30′ V=9.5 ☆=200

W. 허셜의 여동생인 캐럴라인 허셜이 발견한 거대한 별무리로 약 1천여 개에 이르는 별들이 구상성단에 가까운 모습으로 밀집되어 있다. 성단 속의 별들은 대부분 거성이나 준거성으로 절대등급 −3에서 +2까지의 밝고 큰 별들이다. 성단의 나이는 약 16억 년, 거리는 6천만 광년이며 직경은 50광년이다.

Δ보이는 모습 성단은 카이오페이아 자리 베타(β)별 남서쪽 2.5° 위치에 있다. 북쪽하늘에서 M 11이나 M 37과 함께 가장 환상적인 모습을 보여주는 산개성단이다. 7×50 쌍안경이면 성단의 별들이 분해되지 않아 엷은 안개덩어리처럼 보인다. 10*cm*급 망원경으로도 별이 없는 둥근 가스체처럼 보이나, 20*cm*급으로는 20′의 크기 속에 60~70여 개의 별들과 분해되지 않은 별들의 아지랭이가 느껴진다. 35*cm*로 성단은 보름달만한 시야 전체를 별들로 꽉 채우는 놀라운 장관을 보여준다. 이때 성단은 중앙으로 갈수록 밝아지나 중심에 핵은 없다.

M 103＝NGC 581

카시오페이아 자리／산개성단

$1^h33.2^m$ ＋60°42′ φ＝8′ V＝7.0

카시오페이아 델타별 북동 1° 위치의 은하수 속에 놓인 찬란한 산개성단으로, 원래의 〈메시에 목록〉의 마지막 천체이다. 이 성단은 1781년 메시앵이 발견하여 메시에에게 알려주었는데, 그 자신은 확인하지 않은 채 이 성단을 그의 목록 마지막에 실었다.

성단 주위에는 4개의 밝은 산개성단들 즉, 북쪽 약 40′ 위치에는 Tr.1이 있고, 동쪽 1.5°에는 NGC 663을 중심으로 NGC 654와 NGC 659가 남북으로 놓여 있다. 성단까지의 거리는 약 8천 광년, 실제 크기는 15광년이다.

△보이는 모습 성단은 60~70여 개의 별들이 쐐기 모양으로 퍼져 있다. 성단의 북서쪽에 있는 가장 밝은 시그마(Σ) 131과, 남동의 8등성, 남서쪽의 10.3등성 세 별이 이루는 삼각형의 꼭지점에 놓여 있다. Σ 131은 노랑과 청색의 7등성과 9등성이 각거리 14.4″ 떨어져 있다. 전체적으로 성단은 북서-동남변 위에 밝은 별들이 열을 지어 있고, 중앙에 8.5등급의 적색 별이 7′ 크기 속에서 보이고, 25*cm* 로는 11~12등급의 별 약 25개와 10등급의 별 5,6개를 포함하여 8′ 크기 속에 60여 개의 별들이 보인다.

M 69=NGC 6637

궁수자리／구상성단

18ʰ 31.4ᵐ −32°21′ φ=4′ V=7.5

M 69→

라카유가 희망봉에서 발견한, 궁수자리에 있는 작은 구상성단이다. 그는 이것을 「혜성의 작은 핵」을 닮았다고 묘사했다. 메시에는 이것을 「별이 없는 성운으로 근처에 9등급의 별이 있다」고 적었다. 이 별은 성단 북북서 4.3′에 놓여 있다.

성단까지의 거리는 36,000광년, 지름은 70광년이다. 동쪽 2° 거리에 조금 더 작은 구상상단 NGC 6652가 있다.

Δ보이는 모습 궁수자리의 3등급 엡실론(ε)별 북동쪽 2.5°에 있다. 메시에는 9등급으로 기록했지만 실제로는 8등급 밝기로 보인다. 근처에 있는 M 70과 비슷하게 보이나, 조금더 밝고 중심은 덜 밀집되어 있다. 고도가 매우 낮아 구경 20㎝로 분해되어 보이지 않고 35㎝급으로 보아야 별과 같은 핵과 가장자리가 분해되어 보인다.

$18^h43.2^m$　$-32°18'$　$\phi=4.1'$　V=9.0

궁수자리 찻주전자 밑변인 3등급의 제타별과 엡실론별 중단에 위치한 구상성단으로, 동쪽 2° 떨어진 M 69와 크기와 밝기가 매우 비슷하다.

성단은 밝고 중심이 매우 밀집된 형태로 4.1′의 겉보기 크기와 9등급의 밝기이다. 성단까지의 거리는 35,200광년으로 M 69보다 약간 가깝고, 실제 지름도 70광년으로 거의 같다. 초당 약 200*km* 로 멀어지고 있으며, 2개의 변광성이 있다.

Δ보이는 모습 성단은 M 69보다 조금 더 어둡고 가장자리가 불규칙한 모습이다. 남동쪽 15′ 아래에는 4개의 9등성들이 직선으로 배열되어 있다. 구경 15*cm* 급으로는 매우 작고 밝은 공처럼 보이며, 25*cm* 급 고배율에서는 가장자리가 부분적으로 분해되어 보인다. 핵은 M 69보다 더 밀집되고 밝다. 성단의 크기가 작고 고도가 낮아 선명하게 분해되지 않는다. 성단 동쪽 면이 약간 평평하여 남북방향이 더 길어 보인다.

M 54=NGC 6715

18ʰ 55.1ᵐ −30°29′ ϕ=6′ V=8.5

궁수자리 남두육성이 가장 남쪽 별인 제타별 서남서 1.5°에 있는 작은 구상성단으로, 1778년 7월 메시에가 발견했다. 지름 6′에 광도 8.5등급, 거리 5만 광년, 실제 지름 70광년이다.

Δ보이는 모습 쌍안경으로 별같이 보이는 매우 작고 빽빽이 밀집된 구상성단이다. 구경 15cm로도 1′ 크기의 할로와 매우 밝은 핵의 존재만이 느껴진다. 25cm로는 거의 원형에 가까운 행성상 성운처럼 보이는데, 약 2′ 지름의 할로 속 남동쪽에 12등급의 희미한 별이 두드러진다. 그러나 성운은 여전히 분해되어 보이지는 않으며, 전갈자리의 구상성단 M 80을 닮은 모습으로 보인다. 35cm급으로는 날씨가 좋을 때만 약간 분해되어 보이고, 표면밝기가 매우 높다.

M 55=NGC 6809

궁수자리/구상성단

19^h 40.0^m −30°58′ φ=15′ V=7.0

크지만 매우 성긴 구상성단으로 남두육성 제타별 동쪽 7°에 있다. 이것은 라카유(Lacaille)가 1752년 희망봉에서 발견한 5개의 구상성단 중 하나로「커다란 혜성의 어렴풋한 핵」과 닮았다고 묘사했던 것이다. 메시에는 1764년 이 성단을 찾으려고 애썼으나 실패하여 1774년에 출판된 그의 첫 목록에는 수록되지 않았다. 14년 후인 1778년 여름에 그는 M 55를 처음 관측하고「희끄므레한 반점의 성운」으로 기록했다.

성단은 별들이 고르게 분포되어 있고, 중앙 밀집도가 그다지 크지 않아 보인다. 이것은 상대적으로 밝은 별들이 적고 17등급 내외의 어두운 별들로 꽉 차 있기 때문이다. 성단까지의 거리는 2만 광년 이내로 가까운 편이며, 실제 지름 80광년, 태양의 10만 배에 달하는 밝기를 낸다.

Δ보이는 모습 쌍안경만으로도 성단의 존재를 확인할 수 있다. 성단의 긴 노출 사진은 중심이 밀집되어 보이나, 맨눈 관측자들이 보기에는 별들이 매우 느슨하게 모여 있다.

구경 15*cm*급 70배로도 중앙이 분해되어 보이며, 25*cm*급으로는 성단 북쪽의 별들이 잘 보이지 않으나 전체적인 모습은 꽤 크게 들어오며, 중간배율로도 잘 분해되어 보인다. 성단은 남북으로 길게 뻗어 있고, 동서면 가장자리의 모습은 매우 불규칙하다.

20ʰ 06.1ᵐ −21°55′ φ=4.6′ V=8.5

작지만 매우 멋진 구상성단으로, 메시앵이 1780년 궁수자리의 동쪽 별이 적은 지역에서 발견했다. 허셜이 M 3의 축소판 같다고 묘사한 이 성단은 가장 중앙 집중도가 높은 분류 Ⅱ형으로, 허셜도 그가 본 구상성단 중 가장 밀집된 모습으로 표기했다. M 80만이 이 성단과 비슷한 밀집도를 가진다.

크기 4.6′에 8.5등급으로 보이지만, 실제로는 125광년의 지름과 태양의 16만 배의 빛을 내고 있다. 거리는 약 95,000광년으로, 〈메시에 목록〉 중 가장 멀리 떨어진 구상성단으로 알려져 있다.

Δ보이는 모습 궁수자리의 성운·성단 밀집지역에서 멀리 떨어진 염소자리 로(ρ)별 남서쪽 4°에 홀로 위치한다. 아주 작지만 밀집도가 높아 M54와 비슷한 모양이다. 쌍안경으로는 별과 같이 보이며, 20cm급으로는 1′ 크기의 밝은 중심을 가진 2′ 지름의 밝은 원반으로 보인다. 성단의 2′ 북쪽에 어두운 별이 보이나, 성단 자체는 전혀 분해되어 보이지 않는다. 작지만 표면이 균일하게 밝으며, 그밖에는 별로 특징을 찾을 수 없다.

21ʰ 30.5ᵐ +12°10′ φ=10′ V=6.5

M 15는 M 3, M 13, M 92와 같이 여름의 대형 4개 구상성단 가운데 하나로 가장 동쪽에 위치한다. J. D. 마랄디가 1745년에 발견한 이 성단은 온하늘에서 12번째의 밝은 구상성단이다. 성단 북동쪽에 13.8등급에 1″ 크기의 작은 행성상 성운을 가지고 있으며, 강한 X선을 내고 있어 하나 이상의 초신성 잔해나 블랙홀이 있을 것으로 보인다. X선을 방출하는 또다른 구상성단은 비둘기자리의 NGC 1851, 전갈자리의 NGC 6441, 그리고 궁수자리의 NGC 6624가 있다.

거리 약 39,000광년으로 M 13의 1.7배 멀리 떨어져 있으며, 실제 지름은 130광년, 밝기는 태양보다 20만 배나 밝다.

Δ보이는 모습 주위가 별이 드문 지역이어서 M 15는 현저하게 밝아 보인다. 12° 아래에 있는 M 2보다 조금 더 밝게 보이나, 중심지역은 덜 집중된 듯하다. M 13처럼 이 성단도 두 별과 둔각 삼각형의 꼭지점을 이루어 아름다운 조화를 이룬다. 구경 15*cm*급으로 5′ 크기의 밝은 할로(halo)가 핵을 둘러싸고 있고, 분해해서 보기 어렵다. 구경 25*cm*급으로는 가장자리가 잘 분해되기 시작하고, 35*cm*급으로는 1′ 크기의 밝은 핵과 중심지역까지 잘 분해되어 보인다.

3. 가을의 성운 · 성단

M 2=NGC 7098

물병자리/구상성단

21^h 33.5^m $-0°49'$ $\phi=11.7'$ V=6.0

M 2는 J. D. 마랄디가 1746년 혜성을 찾던 중 물병자리에서 발견한 6등급의 밝은 성단이다. 거리는 5만 광년이나 떨어져 있는데, 이것은 M 13이나 M 5보다 훨씬 먼 거리의 성단으로, 10만 개 이상의 태양들이 모여 있다. 절대등급 −3 이상인 적색·황색거성들이 많아 성단의 전체광도는 태양의 약 50만 배에 이른다.

△보이는 모습 물병자리의 베타(β)별 북쪽 5° 떨어진 별이 드문 지역에서 쉽게 찾을 수 있다. 성단의 중심에 별들이 매우 밀집되어 있어 대구경으로 보아도 가장자리만이 분해되어 보인다. M 15와 닮았고, 구경 25*cm*, 200배로 보면 별과 같은 작은 핵과 전면이 조금 분해되며, 밝은 지역이 현저한 타원형으로 보인다. 말라스는 구경 10*cm* 굴절망원경으로 성단 북동쪽 가장자리에 어두운 곡선이 가로지르고 있는 것을 보았다고 기록했다.

중심에서 가장자리로 갈수록 급격히 어두워진다.

M 72+M 73(NGC 6981+6994)

물병자리

M 72: 20ʰ 53.5ᵐ −12°32′ ϕ=5′ V=8.6 구상성단

M 73: 20ʰ 59ᵐ −12°38′ ϕ=2.8′ V=8.9 성군

전갈자리 M 4와 뱀주인자리의 M 12와 비슷한 밀집되지 않은 구상성단의 하나인 M 72는 사진상으로 5′의 크기를 보이나, 겉보기 지름은 2′에 불과하며 잘 분해되어 보이지 않는다. 이것은 성단이 6만 광년이나 떨어져 있고 실제 지름도 85광년으로 큰 편이 아니기 때문이다. 성단 속의 가장 밝은 별들도 15등급에 불과하여 큰 망원경을 사용해야 할 대상이다.

M 73은 성단이 아니라 단지 4개의 별이 모여 있는 지역으로 M 72의 1.5° 동쪽에 있다. 〈메시에 목록〉에는 이 천체가 「처음 보면 성운 같은 서너 개의 별들로 약간의 성운기가 있다」고 씌어 있다. 그러나 이 뒷부분 묘사는 잘못된 것으로, 사실은 성운기가 전혀 없다.

이 빈약한 별무리의 크기는 2.8′이고, 각각의 밝기는 10.5, 10.5, 11.0 그리고 12.0등급이다.

Δ보이는 모습 4등급의 물병자리 엡실론(ε)별 남동쪽 3.3°에 있다. 파인더(조준경)로는 어두운 별같이 보이고 구경 10cm급으로는 작은 원형의 성운 같다. 20cm급으로는 가장자리 일부만이 분해되어 보인다.

M 30＝NGC 7099

염소자리／구상성단

$21^h\ 40.4^m$　$-23°11'$　$\phi=6'$　$V=8.5$

염소자리에서 가장 두드러진 구상성단으로, 5.3등급인 41번 별의 서쪽 20′ 떨어진 곳에 있다. 메시에는 그의 그레고리안 망원경으로 관측한 결과「별을 볼 수 없는 둥근 성운」으로만 알았다. 중심이 매우 작고 밀집되어 있어 큰 구경으로도 분해되어 보이지 않는다. 모습은 타원형이며, 2개의 별줄이 보인다.

성단까지의 거리는 4만 광년으로 먼 편이며, 지름은 100광년이다. 근처의 41번 별은 5.5등성과 12등성이 5.5″ 떨어져 있는 이중성이다. 대기가 안정되어 있으면 12등성이 2,3개 보인다.

△보이는 모습 구경 15*cm*로 핵이 없는 불규칙한 모양의 성운같이 보이고, 성단의 동쪽 7′에 8등급의 별이 두드러진다. 25*cm*로는 성단의 동서방향이 길고 1′~2′ 크기의 밝은 핵을 둘러싼 5′ 정도의 규모이다. 200배 이상의 고배율에서 부분적으로 분해되어 보이고, 성단 중앙에서 북쪽이 밝고 더 퍼져 보인다.

M 74=NGC 628

물고기자리/나선은하(Sc)

1^h 36.7^m $+15°47'$ $\phi=9'$ V=11.0

물고기자리 에타(η)별 1.5° 동쪽에 있는 큰 나선은하로, 메시앵이 1780년에 발견했다. 존 허셜이 1864년 〈G.C.(일반목록)〉 속에 구상성단으로 기록할 만큼 40″ 정도의 핵을 제외하고는 관측하기 매우 어렵다. 〈메시에 목록〉의 은하 중에서 가장 어두운 은하이다.

M 74는 또한 큰곰자리의 M 101과 함께 가장 전형적인 정면 나선은하이다. 주 나선팔의 두께는 3천 광년, 지름은 8만 광년, 전체질량은 400억 태양질량으로 3천만 광년 떨어져 있다.

△보이는 모습 구경 15*cm*로도 확인하기가 매우 어렵다. 최상의 대기상태에서 25*cm* 구경을 사용하면 지름 6′의 매우 특색없는 원형 글로(glow)와, 별과 같은 핵을 볼 수 있다. 30*cm*급으로는 어두운 외곽에서 별과 같은 점들이 희미하게 드러나고, 9, 10개의 별들이 서쪽 외곽에서 보인다. 또한 최소한 2개의 어두운 별들이 핵의 외곽에서 겹쳐 보인다. 특별히 밝은 세 별들이 중심에서 3.5′ 동쪽 팔에 줄지어 있다. 구경 35*cm*급으로도 나선팔은 볼 수 없다. 이 은하는 의외로 작은 구경의 망원경으로 관측이 잘되는 경우도 많다.

2^h 42.7^m −0°01′ φ=3.5′×1.7′ V=10.0

고래자리 유일의 메시에 천체로, 4등급의 델타(δ)별 동쪽 부근에 있는 6개의 희미한 은하 속에서 가장 밝고 큰 은하이다. M77 은 M 104(솜브레로 은하)와 같이 「팽창하는 우주」의 증거가 된 적색편이가 처음 검출된 은하다.

거리는 6천만 광년 떨어져 있고, 1초당 약 1천km의 속도로 멀어지고 있다. 4만 광년에 이르는 중심부를 포함하여 전체 10만 광년의 지름과 1천억 태양질량을 가지고 있다. 우리 은하와 구조 크기·모양이 매우 비슷한 은하이다.

△보이는 모습 소형망원경의 관측에 적당한 은하다. 10cm 구경으로는 매우 작으나 표면광도가 높은 불규칙한 외형이 느껴진다. 20cm급 저배율로는 불규칙한 원형의 어두운 성운같이 보이지만, 고배율로는 별처럼 밝은 핵과 그것을 둘러싼 성운기의 2중구조가 분명해진다. 세이퍼드 은하들의 공통적인 특징인 매우 밝은 중심핵과 그것을 둘러싼 할로의 2중구조를 보여 주는 은하의 좋은 예이다.

M 33=NGC 598

삼각형자리/나선은하(Sc)

1^h 33.9^m 30°39′ ϕ=60′×40′ V=6.5

안드로메다 은하(M 31)와 우리 은하에 이어 국부은하군 속에서 3번째 큰 나선은하로, 「바람개비 은하」라는 별명을 가지고 있다. 이 은하는 국부은하군에서 제일 먼 거리인 240만 광년 떨어져 있으나, 우리가 볼 수 있는 가장 가까운 거리의 Sc형 나선은하이기도 하다.

은하의 크기는 42,000광년이며 태양의 80억 배 질량을 가지고 있다. 이 속에서 가장 특이한 것은 은하의 동북쪽 나선팔 가장자리에 있는 거대한 성운체인 NGC 604이다. 성운의 지름은 약 1천 광년이며, 우리 은하 속의 오리온 성운과 닮은 스펙트럼을 보여주고 있다.

Δ보이는 모습 안드로메다 베타(β)별을 중심으로 하여 M 31과 대칭점에 놓여 있다. 은하의 표면밝기가 매우 낮아 쌍안경이나 단초점 망원경으로 관측하는 편이 더 유리하다. 15㎝급 저배율로 보면 은하는 남북으로 길게 늘어난 매우 약한 빛의 중앙팽창부만 드러나고, 25㎝급에선 밝기가 고르지 않은 30′ 크기의 할로와 비교적 밝은 중심핵에서 바깥으로 휘어진 넓고 얼룩진 팔이 보인다.

M 31+M 32+M 110(NGC 205)

M 31 : 0^h 42.7^m +41°16′ φ=160′×40′ V=5.0 나선은하(Sb)

M 32 : 0^h 42.7^m +40°52′ φ=3.6′×3.1′ V=9.5 타원은하(E_2)

M 110 : 0^h $40^m.4$ +41°44′ φ=8′×3′ V=10.8 타원은하(E_6)

모든 나선은하 가운데 가장 밝고 거대한 은하인 안드로메다 은하는 북반구 하늘에서 맨눈으로 보이는 유일한 외계은하이다. 맑고 청명한 밤에 맨눈으로 볼 수 있기 때문에 틀림없이 선사시대부터 알려졌겠지만, 기록으로는 페르시아의 천문학자 알 수피가 954년에 발행한 그의 〈항성의 책(Book of the Fixed Stars)〉에 안드로메다 누(ν)성 근처의「작은 구름(a little cloud)」로 묘사한 것이 처음이다.

그뒤 이 은하는 중세시대에 완전히 잊혀졌다가, 시몬 마리우스가 1612년 12월 15일에 망원경으로 재발견했다. 그는 이것을「촛불빛을 닮은 약 1/4° 크기의 중심이 밝고 빛나는 빛덩이… 」로 기록하고 있다.

M 31 안드로메다 은하는 현재까지 알려진 것 중 최대 크기의 나선은하다. 은하구조는 우리 은하와 비슷한 Sb형 나선팔을 가지고 있으나 질량은 2배 이상으로, 우리 은하, M 33 그리고 마젤란 성운 등 20여 개의 작은 은하들로 구성된 국부은하군의 맹주다.

은하의 겉보기 크기는 160′×40′으로, 장축의 길이는 보름달 크기의 약 6배에 달한다. 실제 지름은 11만 광년이며, 이 속에 태양질량의 4천억 배에 이르는 별들이 모여 있다. 은하의 중심은 거대한 타원은하를 방불케 하는 지름 1만 2천 광년 크기로, 적색 및 청색거성들과 140여 개 이상의 거대 구상성단들이 모여 있다. 외곽의 나선팔은 젊은 청색거성들과 성단먼지 및 가스들로 구성되어 있는데, 어두운 먼지들은 18만 광년 바깥까지 퍼져 있다.

은하는 우리의 시선방향에 16° 기울어져 있기 때문에 비스듬히 누운 모습을 보이며, 초당 266*km*로 접근하는

△은하수의 별바다 가장자리에 조그맣게 보이는 안드로메다.

청색편이를 보인다. 그러나 태양계의 공전효과를 빼면 초당 35*km*의 속도로 가까워지고 있는 셈이다. 은하까지의 거리는 약 220만 광년이다.

M 31은 4개의 작은 동반은하를 거느리고 있는데, 곧 M 32, M 110, NGC 147 그리고 NGC 185가 그들이다. 이중 M 32는 1749년 르 장티가 M 31의 중심부 24′ 아래에서 발견한 지름 2,400광년 크기의 작은 타원은하로, 9등급의 흐릿한 별처럼 보인다.

M 110(NGC 205)은 1773년에 메시에가 발견했으나, 목록에 넣지 않았던 은하로, 겉보기 지름 8.0′×3.0′, 크기 5,400광년의 타원은하다. M 31 핵의 북서 35′ 위치에 있다.

M 32와 M 110은 대부분의 구성원들이 종족Ⅱ형의 오래 된 별들이지만, M 32보다 크나 흐릿하게 퍼져 있는

M 110에는 종족 I 의 젊은 별들도 약간 있다.

NGC 185와 NGC 147은 M 31로부터 북쪽 7° 떨어진 카시오페이아 자리에 위치한다. 이들은 M 32와 M 110보다 더 어두운 은하로 서로 58′ 떨어져 있다.

△보이는 모습 안드로메다 은하가족의 관측은 매우 까다롭다. 대부분의 초심자들은 이 은하들을 보고 크게 실망한다. 희부연 빛뭉치의 단순한 모양밖에 보이지 않기 때문이다. 그러나 투명한 하늘과 빛 없는 산마루에서 안드로메다 은하를 만나면 상황은 전혀 다르다. 경남 창녕의 화왕산 관측소에서 대형 쌍안경으로 보면 시야를 꽉 채운 약 3° 길이의 핵과 나선팔이 뚜렷하게 보인다. 이때 핵은 약 10′ 크기로 뚜렷하며 매우 밝고, 구경 15㎝급 저배율에서는 2° 길이와 20′ 크기의 폭이 느껴진다. 25㎝급으로는 폭이 40′까지 넓어 보이며, 암흑대의 존재가 간신히 느껴진다. 또 핵 속에 밝은 점처럼 보이는 10″ 크기의 별과 같은 핵의 「눈」이 보인다. 날씨가 특별히 좋을 때는 은하의 중심에서 멀리 떨어진 남서쪽에서 NGC 206이 2′ 크기의 희미한 막대같이 떠 있는 모습을 볼 수 있다.

M 32는 별 같은 핵 주위에 흐린 성운이 감싸고 있는, 정말 작은 은하다. 15㎝급으로는 행성상 성운 정도로 느껴질 만큼 불명확하다. 25㎝급으로는 중심이 매우 밝고 할로가 M 31의 핵 방향으로 뻗어 있는 것이 느껴진다.

M 110은 덩치는 꽤 크나 표면광도가 매우 낮아 그냥 지나치기 쉽다. 구경 15㎝급으로는 핵도 보이지 않고 균일하게 어두운 표면만이 보인다. 25㎝급은 흐릿하고 불명확한 핵이 느껴지기 시작하고, 35㎝급으로는 상당히 밝은 중심부가 인상적으로 보인다.

NGC 869 : 2^h 19^m +57°09′ ϕ=30′ V=3.5 ☆=350

NGC 884 : 2^h 22.4^m +57°07′ ϕ=30′ V=3.6 ☆=300

「이중성단」으로 널리 알려진 이 두 산개성단은 적어도 기원전 150년 이전에 알려졌다. 히파르코스와 프톨레마이오스 모두 이 성단을 언급했다. 그러나 메시에가 놀랍게도 이 「이중성단」에 대해 전혀 언급하지 않은 것은 아직까지 미스테리로 남아 있다. 각 성단의 30′ 지름 속에 12등성 이상 밝은 별들이 NGC 869에는 약 350여 개, NGC 884에는 약 300개가 있다.

실제 지름은 둘 다 약 70광년, 두 성단의 전체질량은 태양의 5천 배, 실제 밝기는 20만 배에 달한다. 이는 「이중성단」이 큰개자리 산개성단 NGC 2362를 제외하고는 가장 젊은 성단일 뿐만 아니라, 절대등급 −2 이상의 초거성들이 17개나 있는 집단이기 때문이다. 성단 속에서 가장 밝은 별은 태양 6만 배의 밝기를 가진 −7.5등성으로, 오리온 자리의 리겔과 맞먹는, 우리 은하에서 최대 초거성 중의 하나이다.

△보이는 모습 NGC 869는 중심에 전체광도가 6.6등급인 5개의 별들이 사발 모양을 이루고 있다. 구경 15*cm*급으로는 약 65개의 별들이 보이고, 30*cm*로는 20′의 크기 속에 1백여 개의 별들이 밀집해 있는 장관을 볼 수 있다. 이 속의 별들은 다른 성단에 비해 각 별들의 고유색들이 현저하게 달라 더욱 아름답게 보인다.

NGC 884는 중앙 밀집도는 낮으나 더 크고, 중심에 있는 진홍색 별이 인상적이다. 모양의 특색은 두 쌍의 삼중성을 중심으로 밝은 중앙부가 형성돼 있고, 그 주위를 별집단들이 왕관자리와 비슷한 모양으로 큰 원호를 그린다. 구경 20*cm*급으로는 NGC 869와 맞먹는 별의 수를 볼 수 있으나 밝기는 훨씬 떨어진다. 이것은 이 지역에 암흑 성간물질들이 많이 분포되어 있기 때문이다.

M 76=NGC 650-1

페르세우스 자리／행성상 성운

1^h 41.9^m +51°34′ φ=140″×70″ V=12.2

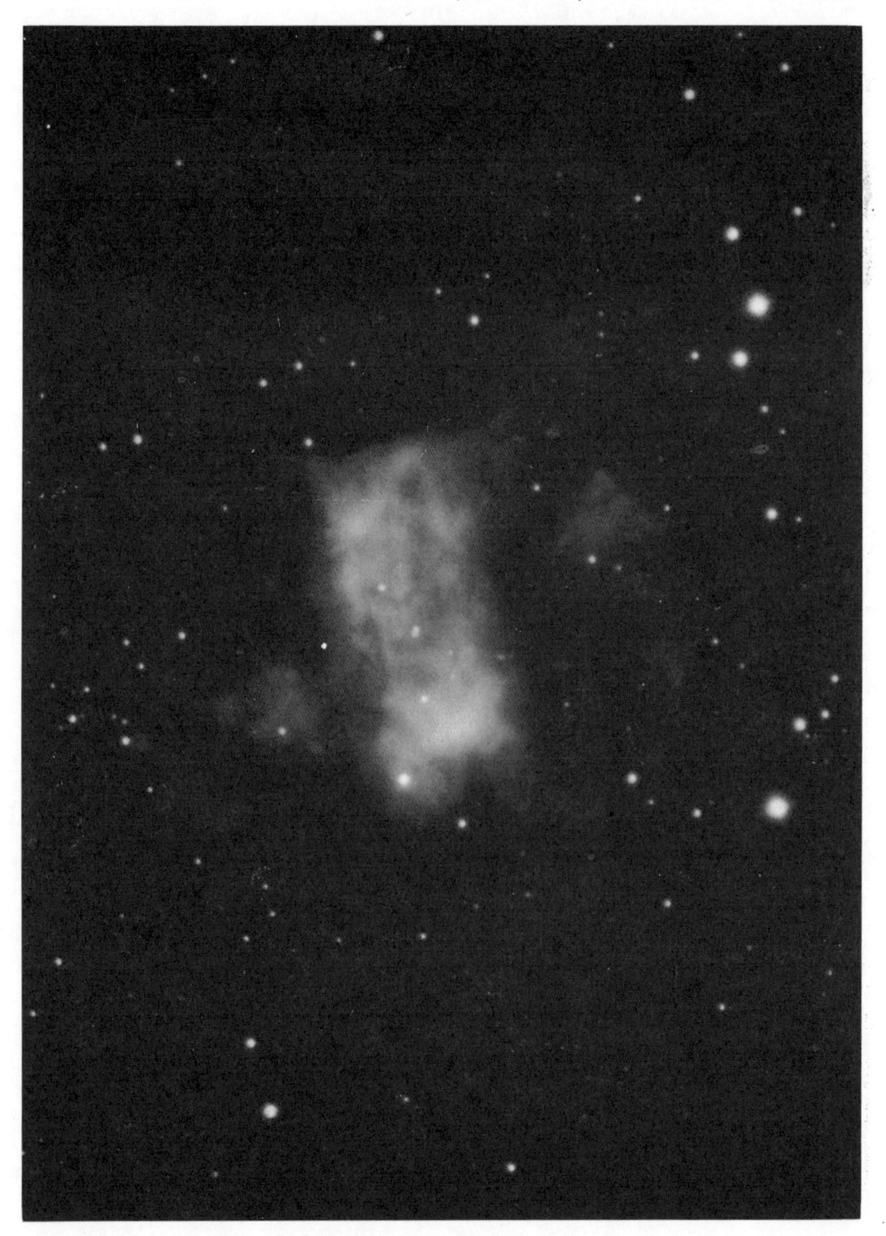

M 76은 〈메시에 목록〉 속에서 가장 어두운 대상으로 간주되는 불규칙한 사각형 모양의 행성상 성운으로, 「소아령 성운」이라는 별칭으로 유명하다. 약 2′×1′ 크기인 이 성운의 모습은 M 27 아령성운의 가장 밝은 부분의 축소판처럼 보인다.

이 행성상 성운을 가장 먼저 발견한 이는 1780년 메시앵이며, 메시에는 그보다 6주 후 이것을 찾았다. T. W. 웹은 이 성운을 「흰 진주빛 성운이며, 이중구조로 M 27의 축소판 같으며, 그리고 바깥 부분이 조금 더 밝다」고 가장 정확한 묘사를 하고 있다.

실제 거리는 아직 결정되지 않아 1,750~6,520광년까지 여러 주장이 있다. 실제 지름은 1광년, 전체광도는 태양의 2~3배로 알려져 있다.

△보이는 모습 구경 10*cm*로 희미하게 늘어진 모양을 간신히 볼 수 있다. 북동쪽 30′ 위치에 조그만 별무리가 삼각형을 형성하고 있다. 25*cm*급으로 아령모양의 남서 부분이 더 밝고 가장자리가 선명하게 보인다. 또한 성운 속에 어두운 선이 불규칙하게 나타난 모습도 볼 수 있다. 35*cm*급으로는 남서지역 가장자리에서 13.5등급의 별이 나타난다.

M 34＝NGC 1093

페르세우스 자리／산개성단

2^h 42.0^m ＋42°47′ ϕ＝20′ V＝5.2 ☆＝80

페르세우스 자리의 베타(β)별인 알골 서북쪽 약 5°에 위치하고 있으며, 맨눈으로 보이는 밝은 산개성단이다. 성단이 드넓게 퍼져 있기 때문에 큰 망원경으로는 전혀 멋을 느낄 수가 없고, 15×80 쌍안경으로 볼 때가 가장 인상적이다. 성단의 모양, 밝기 그리고 크기 등이 마차부자리의 M 36과 아주 비슷하다. 약 20′ 지름 속에 80여 개의 별들로 이루어져 있으며, 그중 가장 밝은 백색거성들은 태양의 60배 밝기를 띤다. 약 1,500광년 거리에 있으며, 전체 지름은 18광년이다.

Δ보이는 모습 대형 쌍안경으로 관측하기에 가장 알맞은 성단이다. 중심부의 주요 별들은 X자 모양을 이루고 있으며, 성단의 중심에 이중성 h 1123이 있다. 이 두 별은 백색거성의 쌍으로 사이가 20″ 떨어진 8.5등성들이다. 구경 25㎝로는 6′ 아래 있는 이중성 OΣ 44가 각거리 1.4″로 떨어져 8.9와 9.1등급으로 빛나고 있다. 망원경으로 분해해서 보기가 쉽지 않다.

성단 2° 아래에는 어두운 나선은하 NGC 1003이 있다. 구경 15㎝로 겨우 알아볼 수 있고, 35㎝로는 23′×1′ 크기에 13등급의 별이 핵의 북동쪽에 얹혀 있는 것을 볼 수 있다. 웬만큼 숙달된 관측자라 하더라도 찾기가 쉽지 않다.

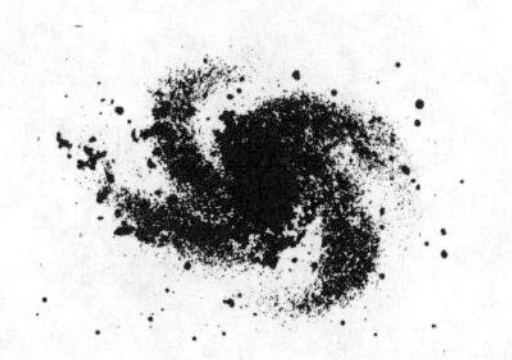

4. 겨울의 성운·성단

M 45＝Mel 22

황소자리／산개성단

3^h 47.0^m ＋24°07′ ϕ＝100′ V＝1.2 ☆＝277

우리 나라에서 「좀생이별」로, 서양에서는 아틀라스의 일곱 딸들인 플레이아데스로 불리는 유명한 산개성단이다. 이 성단에 대한 가장 오래 된 기록은 기원전 2357년에 만들어진 고대 중국문헌에 나타난다. 그리고 구약성경 〈욥기〉에서 2번, 〈아모스서〉에서 1번 오리온의 삼성과 함께 등장한다.

눈이 밝은 사람들은 성단 속에서 6,7개의 별들을 셀 수 있다. 케플러의 스승이었던 마에스틀린은 망원경의 발명 전에 14개의 별들을 세었고 그중 11개를 지도에 표기했다. 사실 M 45 속에는 최상의 대기상태일 때 최소 20여 개의 별들이 맨눈에 볼 수 있는 밝기를 가지고 있으나, 성단의 별들이 무리지어 있기 때문에 모두를 보기는 불가능하다.

플레이아데스 성단은 산개성단 중 매우 가까운 거리에 위치한다. 410광년 거리로 히아데스보다 3배밖에 떨어져 있지 않다. 가장 밝은 9개의 별들은 모두 B형 거성들이고, 지름 7광년 범위 안에 모여 있다. 몇몇 바깥 별들은 중심에서 20광년까지 떨어져 있다. 성단 속에서 가장 밝은 별은 에타(η)성 알키오네로 태양의 1천 배나 되는 빛을 내며, 크기는 태양 지름의 10배이다. 성단의 나이는 2천만 년으로, 히아데스 성단보다 젊다.

Δ보이는 모습 맨눈으로도 「작은 국자」 모양이 선명하게 보인다. 16개의 밝은 별들이 1.7° 범위 속에 펴져 있어 쌍안경만으로도 성단의 전체 모습을 볼 수 있다. 15×80 쌍안경이면 당신에게 경이로운 아름다움을 보여줄 것이다.

25*cm*급 반사망원경 70배로는 성단 내 주요 5개 별을 둘러싸고 있는 반사성운을 볼 수 있다. 성운은 별들이 옅은 안개로 덮여 있을 때와 흡사하며, 이중 23번 별 메로페를 덮고 있는 성운이 바로 NGC 1435이다.

히아데스 성단=Mel 25

황소자리／산개성단

$4^h 27^m$ +16°35′ ϕ=330′ V=0.5 ☆=380

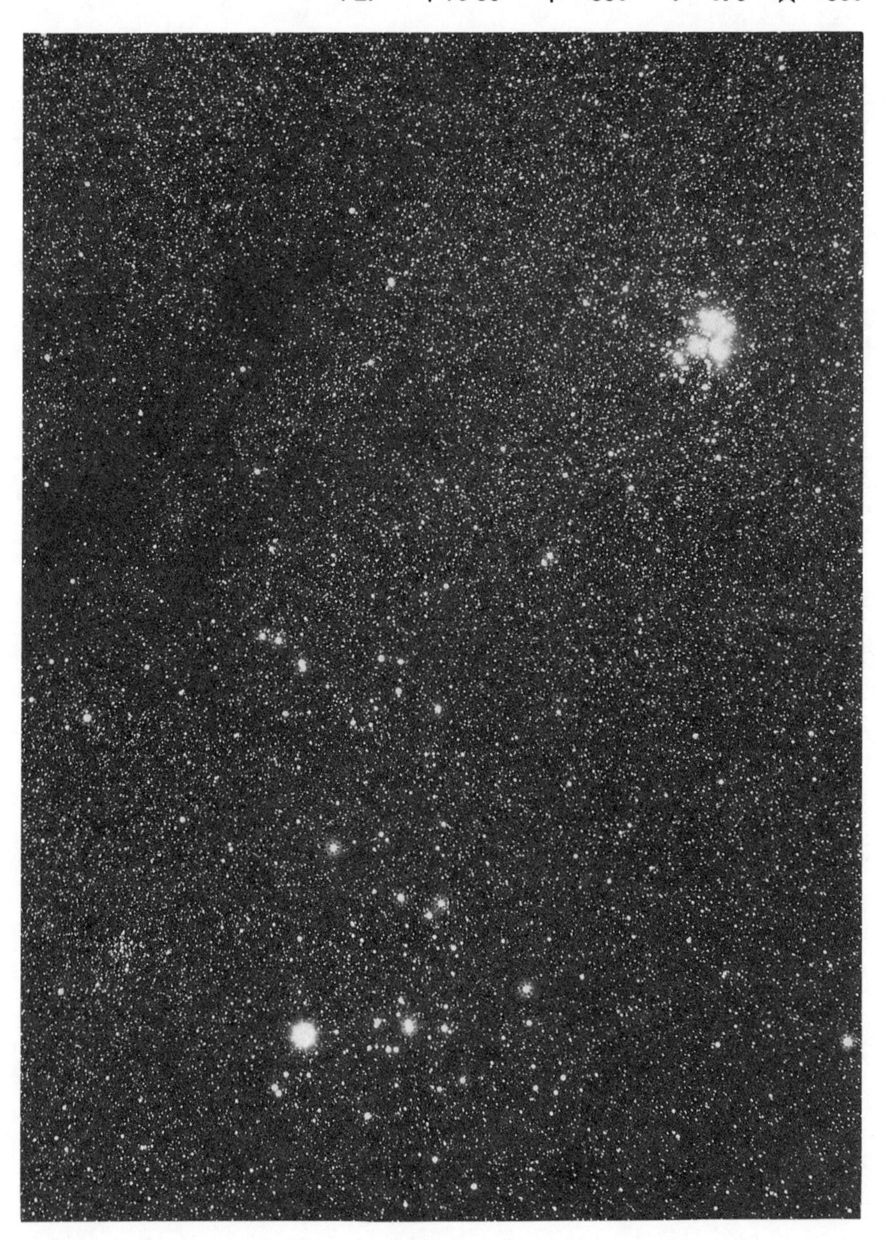

◁ 위쪽의 밝은 천체
가 플레이아데스 성단
이고, 아래쪽이 히아
데스 성단이다.

황소의 머리를 이루는 V자형의 거대한 산개성단으로, 「큰곰자리 운동성단」을 제외하고는 우리와 가장 가까이에 놓여 있다. 성단까지의 거리는 약 130광년으로 플레이아데스 성단까지 거리의 1/3에 불과하다. V자형의 겉보기 지름은 3.5°로, 알파(α)별인 알데바란과 감마(γ)별 그리고 엡실론(ε)별이 감마별을 중심으로 V자의 끝에 위치한다.

성단은 수백 개의 별들로 이루어져 있는데, 이 속에 9등급보다 밝은 별만도 132개나 된다. 이 지역에서 가장 밝은 별은 알파별인 알데바란이지만 성단의 구성원이 아니며, 성단까지 거리의 1/2에 해당하는 약 66광년 거리에 있다. 이 별의 밝기는 하늘에서 13번째에 해당하는 0.9등급으로, 30.4″ 거리에 13.4등급의 동반성을 가진 쌍성이기도 하다. 실제로 성단 속에서 가장 밝은 별은 3.3등급의 시타²(θ^2)별로, 태양의 50배 질량을 가진 준거성이다. 그리고 V자형의 주축을 이루는 감마(γ)별, 델타(σ)별, 엡실론(ε)별과 시타(θ^1)별도 3.5~3.87등급 사이로서 황색거성에 속한다.

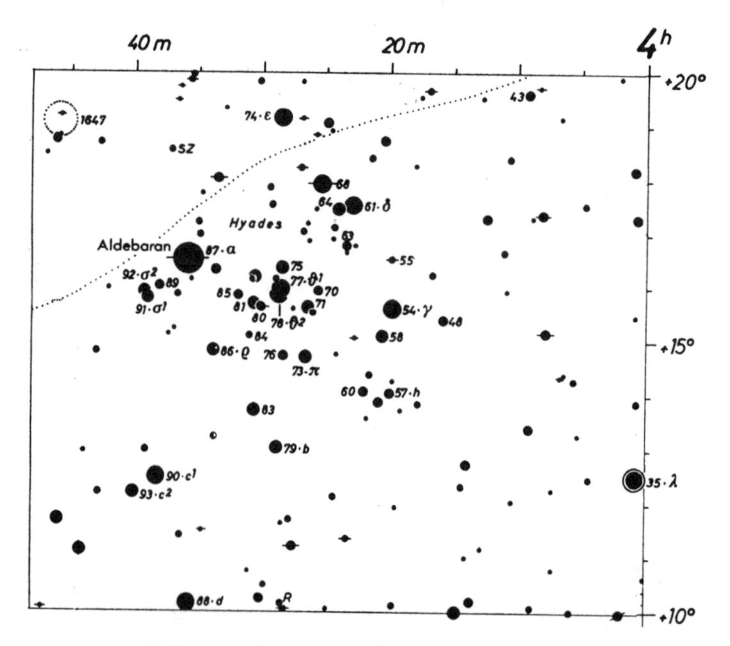

이 성단은 아주 가까이 있는 탓으로 고유운동과 스펙트럼 형 등 물리적 연구가 많이 되어 왔다. 현재 초당 40*km* 의 속도로 오리온 자리 베텔규스 방향으로 멀어지고 있는 히아데스 성단은 5천만 년 후에는 베텔규스 동쪽 지점에 20′ 크기의 작은 산개성단으로 보여지게 된다. 성단의 나이는 4억 년으로 장년에 해당하며, 크기, 운동방향, 나이, 형태 등이 M 44와 매우 흡사하다.

Δ보이는 모습 맨눈으로도 선명한 V자형의 황소 얼굴에 해당하는 영역으로, 7×50 쌍안경이면 충분하고, 맨눈으로도 20개 이상의 별들을 셀 수 있다. 성단 속에서 가장 밝고 유명한 짝별(쌍성)들인 $\theta^{1,2}$별이 비슷한 밝기로 5.6′ 떨어져 있고, 시그마^{1,2}($\sigma^{1,2}$)별도 알데바란 남동쪽에서 서로 7.2′이나 멀찍이 떨어져 있어, 저배율 쌍안경으로 멋진 모습을 볼 수 있다. 알데바란의 동북쪽 3.5°에는 40여 개의 9등급보다 밝은 별들이 모여 있는 NGC 1647을 쌍안경 시야 가장자리에서 함께 볼 수 있다.

M 79=NGC 1904

토끼자리／구상성단

5^h 24.5^m −24°33′ φ=7.8′ V=8.4

토끼자리에 있는 유일한 구상성단으로 알파별과 베타별의 연장선상에 있는 h 3752의 동북동 34′에 있다. 성단은 약 5만 광년 떨어져 있기 때문에 110광년의 지름이 7.8′ 크기로 보인다. 광도 8.39, 절대등급 7.6등급으로 태양의 9만 배 밝기이다. 지금까지 단지 5개의 변광성이 알려져 있고 초당 188*km*로 멀어지고 있다.

△보이는 모습 북쪽과 남쪽 10′ 거리에 2개의 9등급 별이 보인다. 구경 15*cm*급으로는 작고 별이 없는 성운처럼 보이고, 20*cm*급 고배율이면 북쪽 가장자리부터 분해되기 시작하며, 12등급의 별을 정점으로 어두운 7~8개의 별들이 성운을 감싸고 있는 광경을 볼 수 있다.

M 42+M 43 (NGC 1976+1982)

오리온자리／산광성운

5h 35.4m −5°27′ ϕ=65′ V=3.7

온하늘에서 가장 밝고 클 뿐만 아니라 그 찬란한 모습으로 유명한 산광성운인 오리온 대성운이다. 이 거대한 성운은 맨눈으로 흐릿하게 보임에도 불구하고 놀랍게도 고대나 중세의 어떤 기록에도 언급되지 않았다. 게다가 이상하게도 갈릴레이조차도 이 천체에 주목하지 않았다. 박물학자·고고학자인 니콜라스 페이레스크가 1611년 발견한 것으로 믿어진다.

이 대성운의 두번째 관측기록은 1618년 스위스의 예수회 신부인 시사투스가 남긴 것이다. 그는 당시에 보였던 혜성에 대한 비교의 대상으로 주로 언급한 것이다. 그러나 대성운은 호이겐스가 처음으로 그림과 서술을 출판한 1656년 이후에야 널리 알려지게 되었다.

오리온 대성운은 오리온 자리 전체를 덮고 있는 거대한 성운체의 가장 밝은 부분이다. 성운의 중심에는 「트라페지움(Trapezium)」으로 알려진 갖 태어난 별들이 사다리꼴의 다중성계를 이루고 있다. 이 별들은 매우 높은 열을 쏟아내고 있는데, 이 강한 열에너지가 주위의 성운과 외곽의 가스를 이온화시켜 그들을 빛나게 만들고 있다. 보통의 소형 망원경으로는 트라페지움 지역에서 4개의 5~7등급 별들이 보이나, 25cm급 이상의 망원경은 2개의 11등급 별을 더 볼 수 있다. 그러나 트라페지움을 중심으로 주위 5′ 크기 속에는 17등급까지 300여 개의 별들이 있어 이들이 대성운을 빛나게 하는 모든 에너지를

△ 오리온자리의 대성운. 삼성의 맨 왼쪽 별 아래에 말머리 성운이 보인다.

공급하고 있다.

오리온 대성운까지의 거리는 불확실하나 약 1,600광년으로 추정한다. 이때 성운의 직경은 30광년으로 태양계의 2만 배에 이르고, 태양의 1만 배나 되는 수소와 헬륨이 존재한다.

M 43은 M 42의 북동쪽 위에 놓인 밝은 원형의 성운으로 1731년 J. 마이란의 스케치에서 처음 알려졌다. 성운은 M 42에 비해 표면의 밝기가 균일하며 북동면이 모자의 챙처럼 뻗어나와 있다. 성운 중앙에 8~9등급의 밝은 별 하나와 북동 3.5′ 떨어진 가장자리에 매우 어두운 11.5등성이 자리잡고 있을 뿐 M 42와 구별해야 할 특별한 이유가 없다.

Δ보이는 모습 오리온의 삼성 아래에 놓인 오리온의 칼자루 지역에서 흐릿하게 보이는 별 같은 물체가 이 성운이다. 이것을 쌍안경만으로도 옆으로 펼쳐진 새의 날개와 같은 모양을 볼 수 있다. 10*cm* 정도의 망원경으로도 전체를 다 묘사하기 어려울이만치 세밀하고 복잡한 구조를 볼 수 있다. 특히 트라페지움 부근과 바로 위의 거대한 글로불인「물고기 입」지역은 매우 흥미롭다.

25*cm*급 저배율이면 성운은 힘차게 뻗친 날개와 어깨부분이 아래로 크게 휘어져 반원형을 그린다. 밝은 어깨지역은 매우 복잡한 구름의 층상구조를 보여주며, 의외로 많은 별들이 구름 속에 숨겨져 있다. 성능이 좋은 망원경이라면 트리페지움에서 2개의 별을 더 볼 수 있을 것이다. 배율을 200~300배로 높이면 전혀 새로운 대성운 속으로의 여행을 경험할 수 있다.

B 33(암흑성운)

오리온자리

5^h 40.9^m $-2°28'$ $\phi=4'\sim5'$

하늘에서 가장 잘 알려진 암흑성운으로, 「말머리 성운」이라는 이름으로 더욱 유명하다. 이 암흑성운은 오리온 허리의 동쪽 가장자리에 있는 제타별에 의해 빛나는 IC 434의 빛을 가리는 불투명한 구름이다. IC 434는 피커링이 1889년 사진으로 처음 발견했고, 말머리 성운은 10여 년 후인 1900년에 처음 발견되었다.

말머리 성운은 전체 지름은 1광년이 약간 넘는 7만*AU*에 이르는 거대한 크기이지만, 눈으로는 거의 볼 수 없고 사진으로만 나타난다. 말머리 성운이 밝은 성운을 가리는 거대한 차폐물질임을 처음으로 밝힌 E. 버너드는 100*cm* 여키스 굴절망원경으로 관찰했으나 명확한 암흑성운의 표식을 찾을 수 없었다고 했다. R. 번햄스도 말머리가 제타별의 빛과 IC 434의 낮은 밝기 때문에 베일 성운이나 플레이아데스 성단 속의 메로페 성운보다 훨씬 보기 어렵다고 말한다.

그러나 최상의 대기상태와 암적응한 눈, 그리고 20~25*cm*급의 단초점 광시야 망원경을 이용하면 말머리의 흔적을 볼 경우도 있다고 한다.

성운까지의 거리는 IC 434보다 가까운 1,200광년으로 추정된다.

M 78=NGC 2068

오리온 자리/산광성운

$5^h\ 46.7^m$ $+0°04'$ $\phi=6'\times4'$ $V=8.2$

◁ 왼쪽 윗부분 가장 자리에 M 78이 보이고, 오른쪽 아래에 밝게 빛나는 별은 오리온 자리 삼성 중 왼쪽 별이다.

천구적도를 지나면 오리온 자리의 제타(ς)별에서 2.3° 북동쪽에 위치한 M 78은 오리온 자리 대부분을 덮고 있는 방대한 성운의 가장 밝은 지역에 있는 성운이다. 이 성운은 불규칙한 밝기의 6′×4′ 크기로, 성운 속에는 매우 뜨거운 어린 별이 태어나고 있다.

성운까지의 거리는 제타별과 같은 약 1,600광년으로 보이며, 지름은 2~3광년 정도이다. 성운의 6′ 서쪽에 보다 희미한 두 성운이 폭이 큰 암흑성운으로 인해 분리되어 보인다. M 78의 남쪽이 NGC 2064, 북쪽이 NGC 2067이다.

M 78의 주위 30′ 범위 안에는 많은 차폐물질들이 있기 때문에 별이 거의 보이지 않는다. 성운 속의 별은 10등급으로 3개가 있다.

Δ보이는 모습 소형 망원경으로 보기에는 작고 어두운 성운으로, 가장자리가 불확실한 혜성의 머리같이 보인다. 15cm 급으로 성운 속에서 2개의 10등성을 볼 수 있다. 25cm 급으로는 성운의 북서쪽 면이 더 밝고 뚜렷한 경계의 평평한 모습이 보인다. 성운의 동쪽 면은 매우 흐리고 불확실하며, 남쪽 가장자리에 1개의 어두운 별이 더 보인다.

M 41＝NGC 2287

큰개자리／산개성단

6^h 47.0^m −20°46′ ϕ＝32′ V＝4.5 ☆＝69

큰개자리의 알파(α)별 시리우스 남쪽 4°에 위치한 M 41은 망원경 없이도 쉽게 찾을 수 있는 밝고 큰 성단이다. 기원전 325년 아리스토텔레스도「신비한 흐린 반점」으로 이 성단을 묘사하고 있다.

보름달 크기의 성단 속에는 25개 정도의 밝은 별들과 13등급보다 밝은 100여 개의 별들이 모여 있다. 중심지역에 밝고 붉은색 별 하나가 눈에 잘 띈다. 성단까지의 거리는 약 2,350광년, 실제 지름은 20광년이다.

Δ보이는 모습 초심자들이 쌍안경으로 관측하기 좋은 성단이다. 성단의 주요 별들은 X자형으로 줄지어 펼쳐져 있다. 말라스는 이것을 나비모양이라고 묘사했다. 구경 6cm급의 망원경으로 30여 개의 별들을 볼 수 있고, 15cm급 이상이면 8~12등급의 별 50여 개를 볼 수 있다. 성단의 북서면에 밝은 이중성도 찾아보자. 이들은 각각 7.9등성과 8.6등성으로, 서로 25″ 거리 떨어져 있다.

M 93=NGC 2447

고물자리/산개성단

7^h 44.6^m −23°52′ φ=13′ V=6.5 ☆=80

M 46의 남쪽 9°에 위치한 M 93은 작지만 M 46보다 더 밝다. 중심지역에 삼각형의 쐐기 모양으로 별들이 밀집되어 있다.

성단의 경계가 분명하지 않아 별의 수가 63개에서 186개로 다양하게 알려져 있다. 메시에는 발견 후 「성운기가 없는 8′ 크기의 작은 별의 무리」로, 스미스 제독은 「물고기 모양을 한 별들의 무리」로 각각 묘사했다. 가장 밝은 구성원들은 몇개의 푸른색 거성들이며, 이들은 거리가 3,400광년, 지름은 18광년이다. 성단의 3° 남동쪽에 성운 NGC 2467이 있다.

Δ보이는 모습 쌍안경으로 보아도 찬란한 모습을 감상할 수 있다. 전체적으로 날개를 펼친 나비모양을 연상시킨다. 구경 15*cm*로 보면 10′ 크기에 30여 개의 별들이 성단 남서쪽 지역에 몰려 있고, 25*cm*급으로는 성단 중심부에도 많은 별들이 모여 있음을 볼 수 있다. 30*cm*급으로는 110개의 별들이 23′ 범위 안에 드러나며, 그중 50여 개는 4′ 크기 중앙에 집중되어 있다. 8개의 밝은 별이 남서지역에서 V자를 그리고 있는 모습을 보는 것도 커다란 즐거움이다.

M 47＝NGC 2422

고물자리／산개성단

7^h 36.6^m　−14°30′　φ＝27′　V＝4.4　☆＝117

M 46의 서쪽 1.5°에 위치한 이 산개성단은 메시에가 1771년 2월에 두 성단을 동시에 발견했다. 잘못된 위치 좌표 때문에 M 47은 오랫동안 잃어버린 메시에 천체의 하나로 여겨졌다가 1930년대에 NGC 2422가 M 47로 인정되었다.

M 47은 M 46보다 더 넓게 퍼져 있고 밝다. 성단 속의 별들은 플레이아데스 성단과 비슷하게 매우 젊은 별들로 구성되어 있고, 중심 부근에 보이는 2개의 오렌지색 별들은 7.8과 7.9등급이나, 사실은 태양 200배 밝기를 가진 거성이다. 거리는 1,540~1,780광년 사이로, M 46의 1/3에 불과하다.

Δ보이는 모습 맨눈으로 쉽게 찾을 수 있고, 6*cm* 구경으로 25~30개의 밝은 별들이 보인다. 성단 서쪽에 가장 밝은 별은 이중성으로 5.7과 9.7등성이 20″ 떨어져 있다. 구경 15*cm* 망원경으로는 50여 개의 별들이 30′ 범위 속에 3쌍의 이중성과 다양한 색깔을 가진 별들이 흩어져 있는 모습을 볼 수 있다. 25*cm*로는 80여 개의 별들과, 성단중심 부근에서 Σ1121이 7과 7.3등급으로 7.4″ 떨어져 있는 모습이 아름답게 보인다. 보다 어두운 별들이 성단 북쪽에서 NGC 2423으로 이어지고 있다.

M 46=NGC 2437

7^h 41.8^m $-14°49'$ $\phi=27'$ V=6.5 ☆=186

고물자리 은하수 지역에서 가장 찬란한 천체인 M 46은 시리우스 동쪽 14.5°에 있다. 최소한 150여 개의 10~13등급 사이의 별들이 빽빽이 모여 있고, 전체 500여 개의 별들로 이루어져 있다.

M 46의 가장 큰 특징은 성단의 북쪽 구역에 위치한 작은 행성상 성운 NGC 2438이 보이는 것이다. M 57을 닮은 이 작은 가스 고리는 W. 허셜이 발견했다. 약 3,300광년 떨어져 있고, 실제 지름은 7만AU(천문단위)로 1광년이 조금 넘는 크기이다. M46 까지 거리가 4,700광년으로 알려져 있으므로, 이 행성상 성운은 성단 속이 아닌 훨씬 앞쪽에 놓여 있는 셈이다.

Δ보이는 모습 맨눈으로 겨우 식별할 수 있고, 쌍안경으로는 어두운 별들의 원형집단으로 보인다. 성단은 동서면이 약간 긴 타원형으로, 균등하게 별들이 분포하여 성단 서쪽면에 8,7등급의 가장 밝은 별이 두드러진다. 구경 15*cm*급으로는 약 75개의 별들이 25′ 범위 속에 보여지고, 25*cm*급으로는 행성상 성운중심 가까이에서 13등급 별도 보인다. 그러나 이 별이 중심성은 아니다. 30*cm*급으로는 성운 속에서 보다 뚜렷한 두번째 별이 보인다. 구경 25~30*cm* 저배율로 관찰하면 겨울철 최고의 산개성단으로서 손색없는 장관을 보여준다.

6^h 32.3^m $+5°03'$ $\phi=80'\times60'$

외뿔소자리의 밝고 큰 산개성단 NGC 2244를 둘러싸고 있는 희미한 산광성운들인 NGC 2237, NGC 2237, NGC 2239 그리고 NGC 2246을 통털어 장미성운이라 부른다. 이 장미를 닮은 화환 모양의 수소가스 구름은 매우 밀도가 높아 이 속에서 많은 별들이 탄생하고 있다. NGC 2244도 이 성운의 밀도가 가장 높았던 중앙지역에서 3백만 년 전에 탄생한 매우 젊은 산개성단이다. 이 성단은 주위의 성운이 별들을 탄생시키는 글로뷸을 많이 포함하고 있어 계속 성장하고 있다.

장미성운은 계속 탄생하고 있는 어린 별들에게 소모되고 있고, 또 중심에 있는 고온의 젊은 별에서 나오는 태양풍으로 인해 수천만 년 후에는 사라질 것으로 예상된다.

성운까지의 거리는 약 5,800광년, 실제 크기 120×150광년으로, 은하 속 성운 가운데 가장 큰 성운에 속한다. 산개성단 NGC 2244의 지름은 38광년이다.

△보이는 모습 성운의 표면밝기가 너무 낮아 사진으로 상을 잡을 수 있을 뿐, 사실상 눈으로는 관측이 어렵다.

M 50＝NGC 2323

외뿔소자리／산개성단

7^h 03.2^m　−8°20′　ϕ＝20′　V＝7.0　☆＝152

큰개자리의 시리우스와 작은개자리의 프로키온 사이의 시리우스 쪽 1/3 지점에 있다. 성단 자체는 그렇게 찬란하지 않으나, 주위가 어두운 별들만 적당히 뿌려져 있어 찾기가 아주 쉽다. 카시니가 1711년 발견했다.

성단 중심에서 7′ 이내에 50여 개의 별이 모여 있고, 전부 150여 개로 이루어져 있다. 거리는 2,900광년, 실제 지름은 9광년이다.

Δ보이는 모양 약 20′×15′ 범위 속에 밝은 별들이 하트 모양의 곡선을 그리고 있다. 중심에서 7′ 아래에 붉은색의 거성이 보인다. 색깔이 선명하진 않으나 주변 별이 희고 푸른 별이라 두드러지게 보인다. 구경 25㎝급으로 보면 25′ 범위 안에 150여 개의 별들이 모여 있는 것이 보이며, 가장자리의 밝은 별 위에 9.4와 10.8등의 2중성이 20″ 떨어져 있는 아름다운 모습을 볼 수가 있다.

8^h 13.8^m $-5°48'$ $\phi=40'$ V=5.5 ☆=80

잃어버린 메시에 천체 중의 하나로, 메시에가 표시했던 M 48의 위치에는 아무것도 존재하지 않았다. 1950년대에 메시에 연구가였던 O. 징게리히가 원래 위치에서 남쪽 4°에 있는 NGC 2548을 M 48로 주장한 후 그대로 인정되었다.

성단은 30′가 넘는 큰 지름 속에 13등급보다 밝은 50여 개의 별들을 구성원으로 갖고 있다. 중심에는 10~11등급의 별들이 고리처럼 이어져 있고, 그중 8.8등급이 가장 밝은 별이다. 거리는 1,700광년 떨어져 있고, 실제 지름은 20광년이다.

Δ보이는 모습 소형 망원경으로 관측하기에 적당한 산개성단이다. 성단 주위의 하늘은 매우 어둡고 성단은 홀로 독립되어 있다. 맑은 날 맨눈으로도 찾을 수 있다.

구경 10*cm*로 60여 개의 별들을 볼 수 있고 몇개의 이중성도 보인다. 20*cm*로는 거의 정삼각형의 외형과 늘어진 S자형 모양으로 중심지역을 형성한다. 25′ 범위 속에 모두 70여 개의 별들이 보인다.

M 1=NGC 1952

황소자리/행성상 성운

5^h 34.5^m +22°01′ φ=6′×4′ V=8.4

「게성운」으로 유명한 M1은 일본·중국 그리고 아메리카 인디언들에 의해서도 기록된 것으로, 1024년에 폭발한 초신성의 잔해이다. 유럽에서는 1731년 J. 베비스가 처음 발견했고, 메시에가 1758년 혜성을 추적하던 중에 재발견하여 유명한 〈메시에 목록〉의 첫번째 천체가 되었다. 게성운은 그 형태 때문에 오랫동안 행성상 성운이나 산광성운으로 알려져오다, 천체사진기술이 도입되면서 매년 0.2″씩 팽창한다는 사실과, 복잡한 필라멘트 구조를 가진 폭발한 초신성의 잔해임이 비로소 밝혀졌다.

성운의 중심에는 폭발 후 남은 고밀도의 중성자별이 있다. 이 별에서 성운이 빛날 수 있는 자외선 복사 에너지가 공급된다. 성운까지의 거리는 6,290광년, 실제 크기는 10광년×7광년이다.

Δ보이는 모습 황소자리의 3등급인 제타(ζ)별 바로 위 1° 거리에 있다. 7×50*mm* 쌍안경으로는 희미한 빛덩어리를 볼 수 있고, 구경 10*cm*급 망원경으로는 정방형의 어두운 구름처럼 보인다. 25*cm*급으로는 표면밝기가 불규칙한 S자형으로 보이는데, S자형의 남동면이 더 어둡고 가장자리 경계도 불확실하다. 중앙지역은 보다 밝고, 북쪽 가장자리에는 13.5등급의 희미한 별도 보인다. 이 별들을 보려면 구경 30*cm* 이상 큰 망원경이 필요하다.

M 35＝NGC 2168 쌍둥이자리／산개성단

$6^h08.9^m$ 24°20′ ϕ＝30′ V＝5.5

매우 크고 밝은 쌍둥이자리의 산개성단으로, 메시에 이전의 성도에 표기된 6천체(M 1, M 11, M 13, M 31, M 35, M 42) 가운데 하나이다. 소형 망원경에 가장 멋진 관측대상으로 1745년 스위스의 천문학자 세조가 발견했다. M 35는 30′의 겉보기 지름 속에 200여 개의 별들이 원형으로 모여 있고, 성단 남서쪽 약 30′ 아래 중심이 매우 밀집된 산개성단 NGC 2158과 이웃하고 있다.

M 35 속에는 황색거성들과 고온의 청색거성들이 있기 때문에 태양의 2,500배에 달하는 빛을 내고 있다. 그중 가장 밝은 별은 7.5등급의 청색별이나, 절대등급 −1.7등급으로 태양보다 400배나 밝다. 성단까지의 거리는 2,800광년이다.

NGC 2158는 매우 작고 어두운 성단으로, 거리가 M 35보다 7배나 먼 약 2만 광년으로 가장 먼 산개성단의 하나이다. 15*cm* 이하이면 성단은 성운처럼 보이나, 실제로는 구상성단과 거의 맞먹는 중앙 밀집도를 가지고 있다. 성단의 나이는 8억 년으로, 카시오페이아 자리의 NGC 7789, 안드로메다 자리의 NGC 752와 함께 중년의 성단에 속한다.

Δ보이는 모습 쌍둥이자리의 카스토르의 발등 지점에서 맨눈으로 찾을 수 있다. 성단은 매우 찬란하고 크게 펼쳐져 있어, 쌍안경이나 소형 망원경으로도 매우 아름다운 모습을 감상할 수 있다. 구경 15*cm* 으로는 성단중앙에 별이 적고 가장자리에 밝은 별들이 산재한 도넛 형태로 보인다. 20*cm* 로는 성단 북동쪽에 밝은 별들이 아치형으로 줄지어 있는 모습이 인상적으로 보인다. 이 아치를 남서쪽으로 연장하면 NGC 2158을 찾을 수 있다. 이것은 구경 20*cm* 이하로는 M 35의 남동 가장자리에 있는 성운처럼 느껴진다. 25*cm* 200배 이상이면 성단은 은행잎 모양으로 밝은 별들이 분포하고, 10여 개 분해되어 보인다.

M 36＝NGC 1960

마차부자리／산개성단

5^h 36.1^m ＋34°08´ ϕ＝12´ V＝6.0 ☆＝50

◁오른쪽 위부터 대각선으로 M 38, M 36, M 37.

마차부자리 은하수 속에 있는 3개의 밝은 산개성단 중 하나로, 르 장티가 1749년 발견했다. 이 M 36은 가장 넓은 산개성단에 속하는만큼 밝은 별들을 많이 가지고 있다. 성단 속에 각거리 10.7″인 9.1등성과 9.4등성으로 이루어진 쌍성 시그마(Σ)737이 인상적이다.

Δ보이는 모습 마차부자리의 베타(β)별 북북서 6°에서 맨눈으로 볼 수 있다. M 38과 M 37의 사이에 있지만, M 38에 더 가까워 넓은 시야의 쌍안경으로 보면 M 38과 함께 보인다. M 38보다 조금 작고 별 수도 적으나 매우 닮았다. 구경 20*cm*로 60여 개의 별이 보이나, 25*cm*로는 75개의 별이 25′의 범위 안에 보인다. 전체 모습은 「게」와 비슷하여 재미있게 감상할 수 있다.

M 37＝NGC 2099

마차부자리／산개성단

5^h 52.4^m ＋32°33′ φ＝20′ V＝5.6 ☆＝500이상

마차부자리 속에 있는 3개의 산개성단 중에서 가장 아름다운 대상으로, M 11과 NGC 7789에 필적할 만한 성단이다. 12.5등급보다 밝은 150여 개의 별들을 포함하여 500개 이상의 별들이 20′의 크기 속에 엉성한 구상성단처럼 분해되어 보인다. 붉은 거성들로 이루어진 별무리가 성단 중앙지역에서 두드러지게 드러난다. M 36과 달리 2억 년 이상의 오랜 나이와 25광년의 지름을 가지고 있다. 거리는 4,700광년.

△보이는 모습 마차부자리의 베타(β)별 북동쪽 6°에서 맨눈으로 보인다. 구경 25cm, 고배율로는 M 22나 오메가(ω)성단을 보는 것 같다. 타원형의 느슨한 구상성단처럼 별들이 매우 쉽게 분해되어 보이고, 중앙지역의 별들을 제외하고는 밝기가 고르다. 구경 20cm 이하의 소형 망원경으로는 어둡고 산만하게 보일 뿐이라 조금 실망스러울 것이다. 성단중심에서 밝게 빛나는 9.2등급의 붉은 별이 인상적이다.

M 38＝NGC 1912　　마차부자리／산개성단

$5^{h}\ 28.7^{m}$　$+35°50'$　$\phi=20'$　V＝6.4　☆＝160

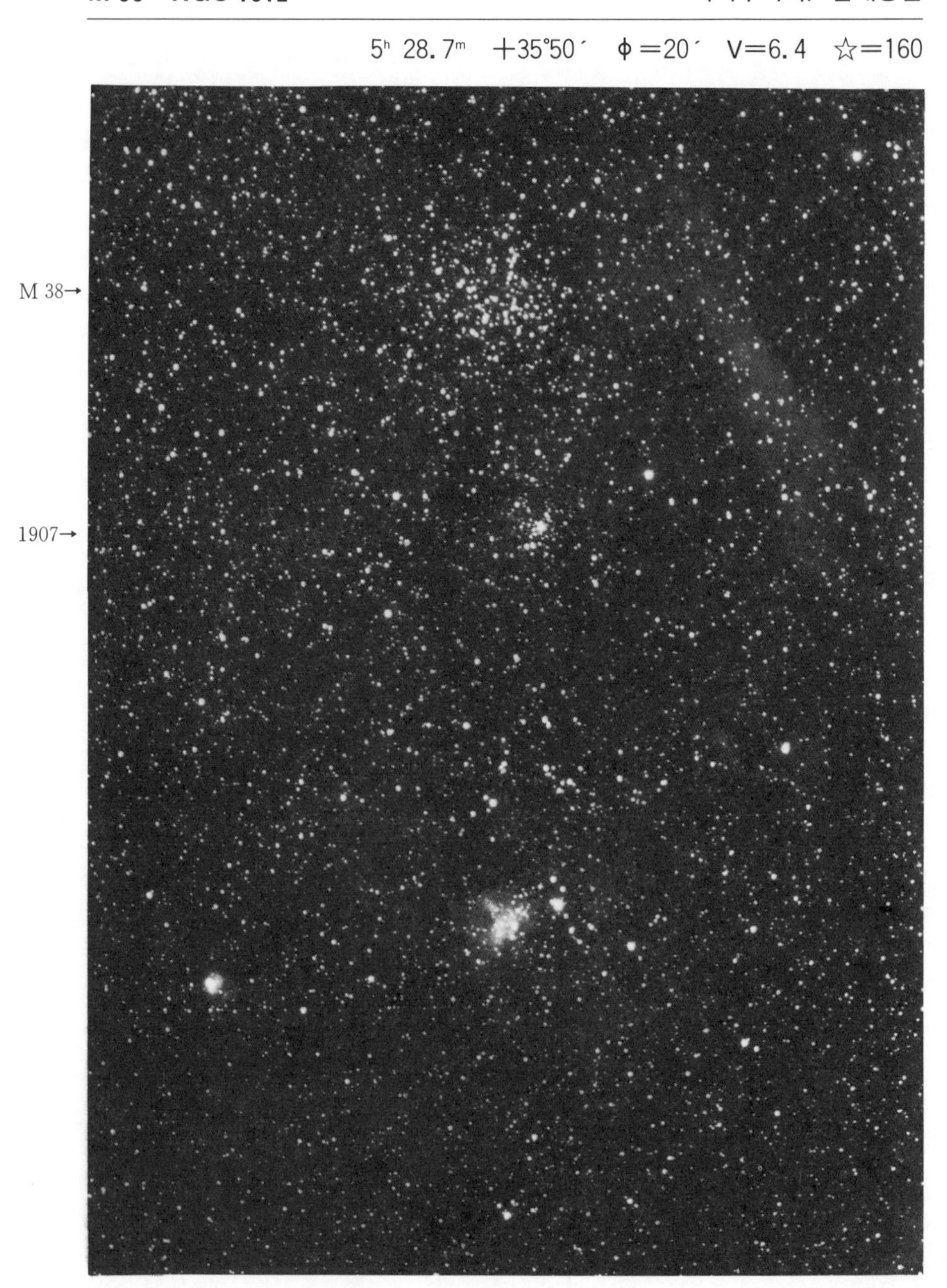

M 36의 북서 2.3°에 놓인 파이(π)자 형의 크고 밝은 성단으로 20′ 속에 100여 개의 별들이 들어 있다. 성단 속에서 가장 밝은 별은 9.7등급의 노란색 거성으로, 밝기가 태양의 900배에 이른다. 성단 아래의 6등성은 구성원이 아니고, 곁에 보다 작은 산개성단 NGC 1907이 보인다.

거리는 4,200광년, 지름 25광년으로 M 37과 비슷하다.

Δ보이는 모습 마차부자리의 오각형 중심에서 조금 남쪽에 있으며, 맨눈으로 보인다. 밝은 별들은 기울어진 탁자나 π자형으로 배열되어 있고, 9.7등급의 가장 밝은 별이 북동쪽 6′에 있다. 구경 25*cm*로 성단의 크기는 30′ 정도로 더 커지며, 150여 개의 별들이 보인다. 남쪽 30′ 아래에 있는 산개성단 NGC 1907은 11등급보다 밝은 30여 개의 별로 구성되어 있다. 25*cm*로 보면 5′의 크기로 2개의 이중성과 가장 밝은 11.3등급의 별이 인상적으로 보인다.

8ʰ 40.1ᵐ +19°59′ ϕ=90′ V=4.5 ☆=160

「프레세페」 또는 「벌집」으로 불리는 M 44는 매우 크고 밝은 산개성단으로, 게자리의 한가운데에 있다. 기원전 130년 히파르코스가 「작은 구름」, 아라투스는 기원전 260년경에 「작은 안개」로 표현했던 역사 깊은 천체이다. 이 신비스러웠던 물체는 1610년 망원경이 발명되면서 갈릴레이에게 참모습을 드러냈다. 그는 겨우 구경 3㎝ 망원경으로 구름과 안개 같은 이것이 36개의 별들로 이루어진 성단임을 알게 되었다. 그뒤 T. W. 웹은 프레세페에서 17등급보다 밝은 350여 개의 별들을 더 찾아냈다.

성단까지의 거리는 525광년으로, 가장 가까운 성단에 속한다. 별들 중 80여 개는 10등급보다 밝다.

Δ보이는 모습 쌍안경으로 보기에 가장 멋진 성단으로, 히아데스 성단과 비슷하게 보인다. 11×80 쌍안경은 80′ 범위 속에서 55개의 별이 V자 모양이나 두 개의 삼각형 모습을 보여준다. 노란색과 청색 별들이 많이 보이고 두 개의 삼중성이 포함되어 있다.

구경 10㎝나 15㎝로도 20배를 넘지 않아야 멋진 전체 모습을 볼 수 있다.

8^h 50.4^m $+11°49'$ $\phi=15'(30')$ V=7.5(6.9) ☆=324

프레세페의 남쪽 약 9°, 게자리의 알파(α)별 1.8° 서쪽에 있는 탁월한 성단으로, 약 15′의 지름 속에 10~16등급의 별 300여 개 이상이 모여 있다. 일반적인 산개성단들이 은하 나선팔에 위치하는 데 비해, M 67은 은하면에서 1,500광년이나 떨어진 위쪽에 있다.

성단 속의 별들은 구상성단과 비슷한 나이를 가지고 있다. 아마 우리 은하 전체에서 NGC 188과 함께 100억 년 이상 된 가장 늙은 산개성단에 속한다(M 41이 약 6천만 년, 히아데스와 프레세페가 4억 년을 넘지 않는다) 거리는 약 2,500광닌.

△보이는 모습 쌍안경으로 9등성 20여 개를 볼 수 있고, 구경 15*cm*로 15′ 크기 안에 12등급보다 밝은 별들을 약 50개 볼 수 있다. 25*cm*로는 M 11과 비슷한 찬란한 모습을 볼 수 있으나, 밝기는 M 11에 비해 떨어지는 편이다.

4계절의 성도

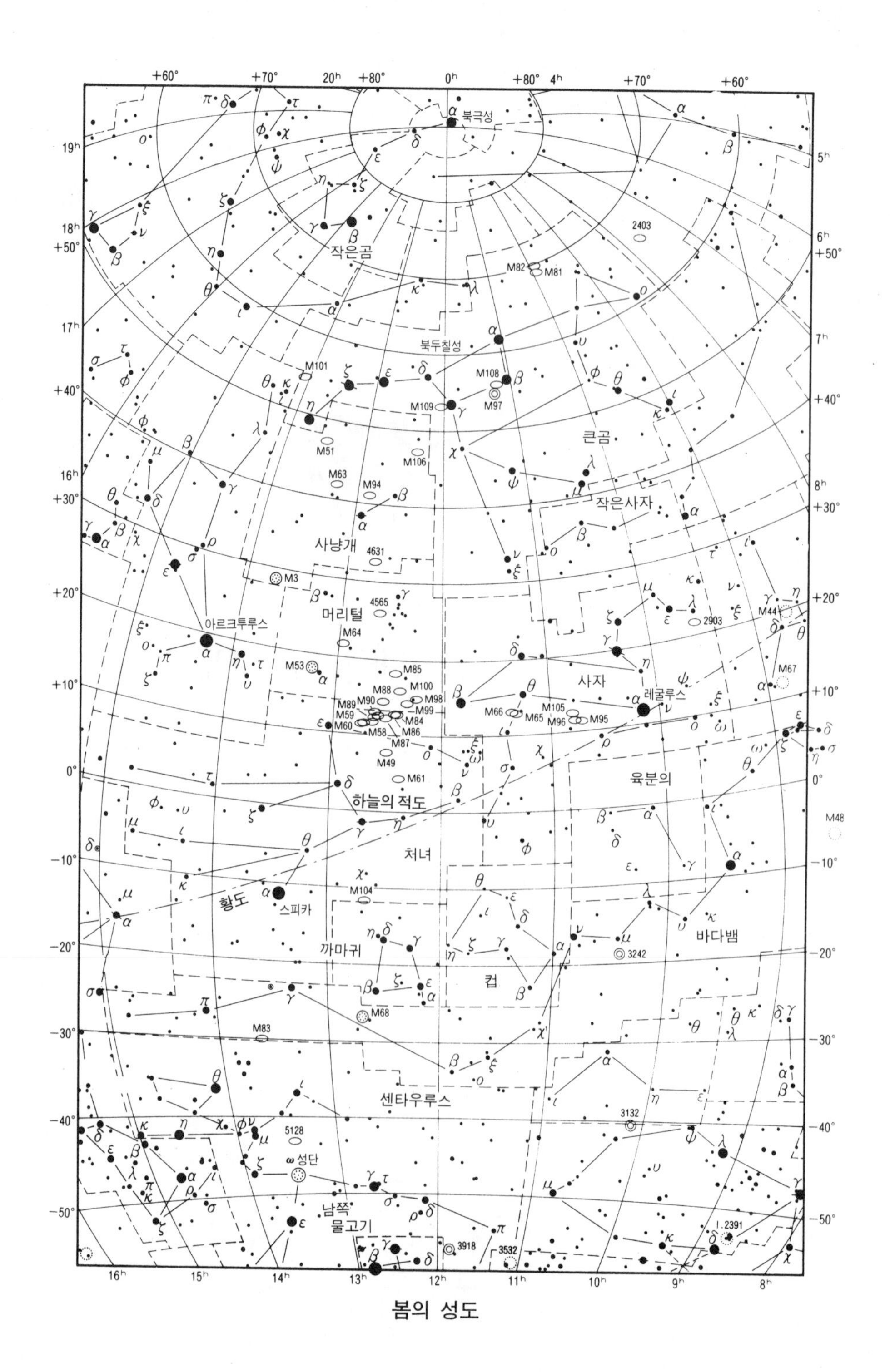
북극성
작은곰
북두칠성
큰곰
작은사자
사냥개
머리털
아르크투루스
사자
레굴루스
육분의
하늘의 적도
처녀
황도
스피카
까마귀
컵
바다뱀
센타우루스
ω 성단
남쪽
물고기

봄의 성도

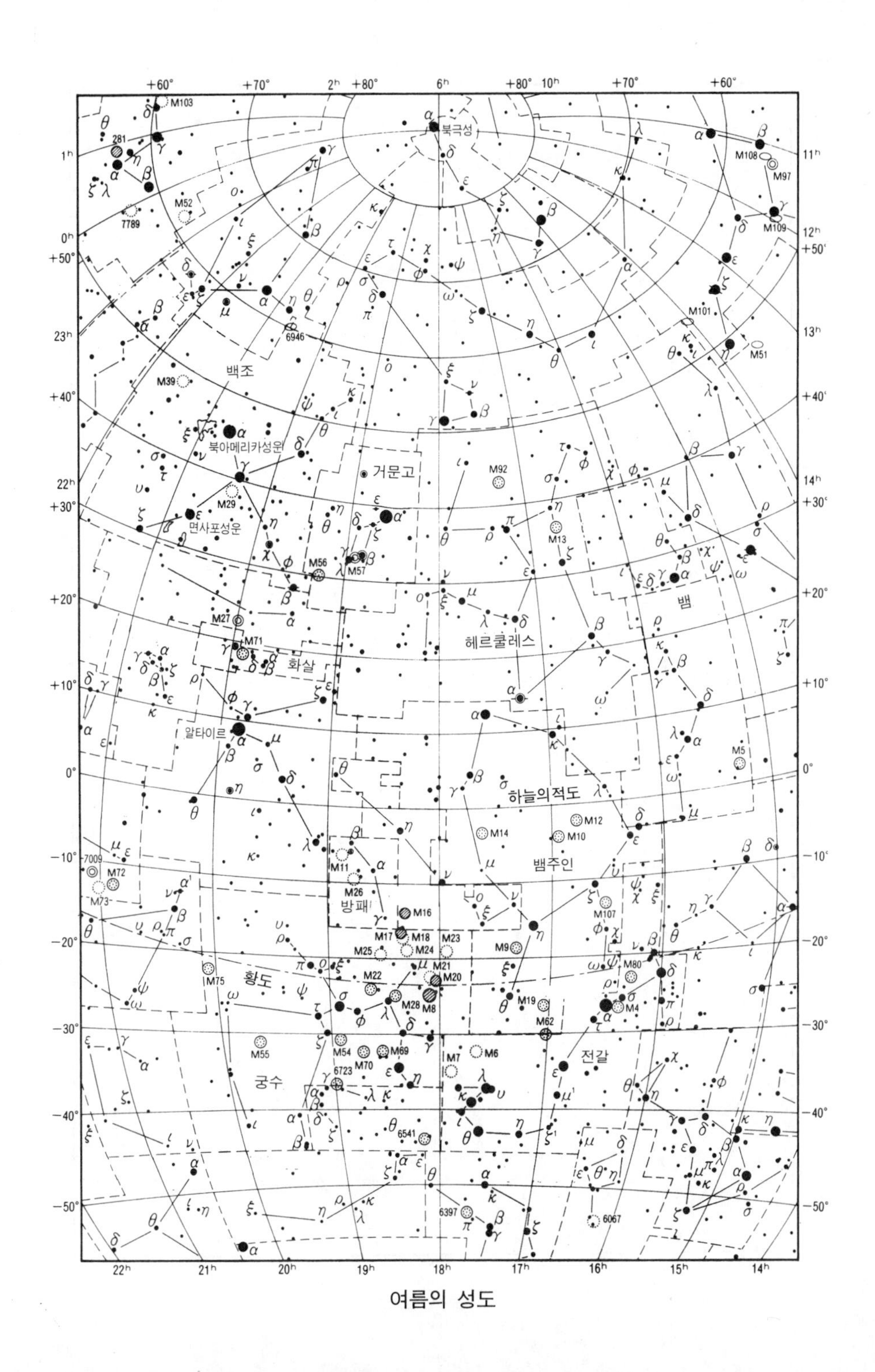

여름의 성도

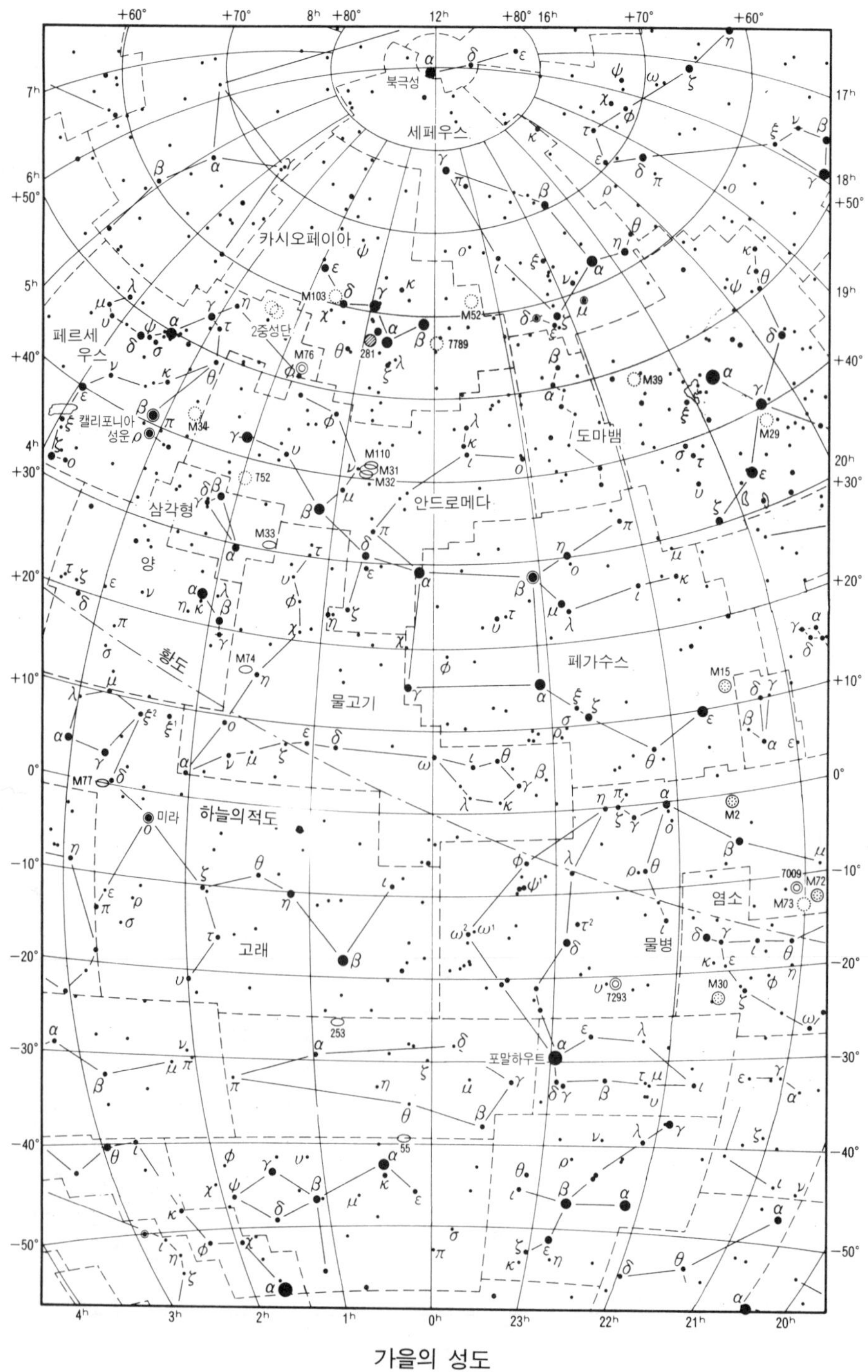
북극성
세페우스
카시오페이아
페르세
우스
2중성단
캘리포니아
성운
삼각형
양
안드로메다
도마뱀
황도
물고기
페가수스
하늘의적도
미라
고래
물병
염소
포말하우트

가을의 성도

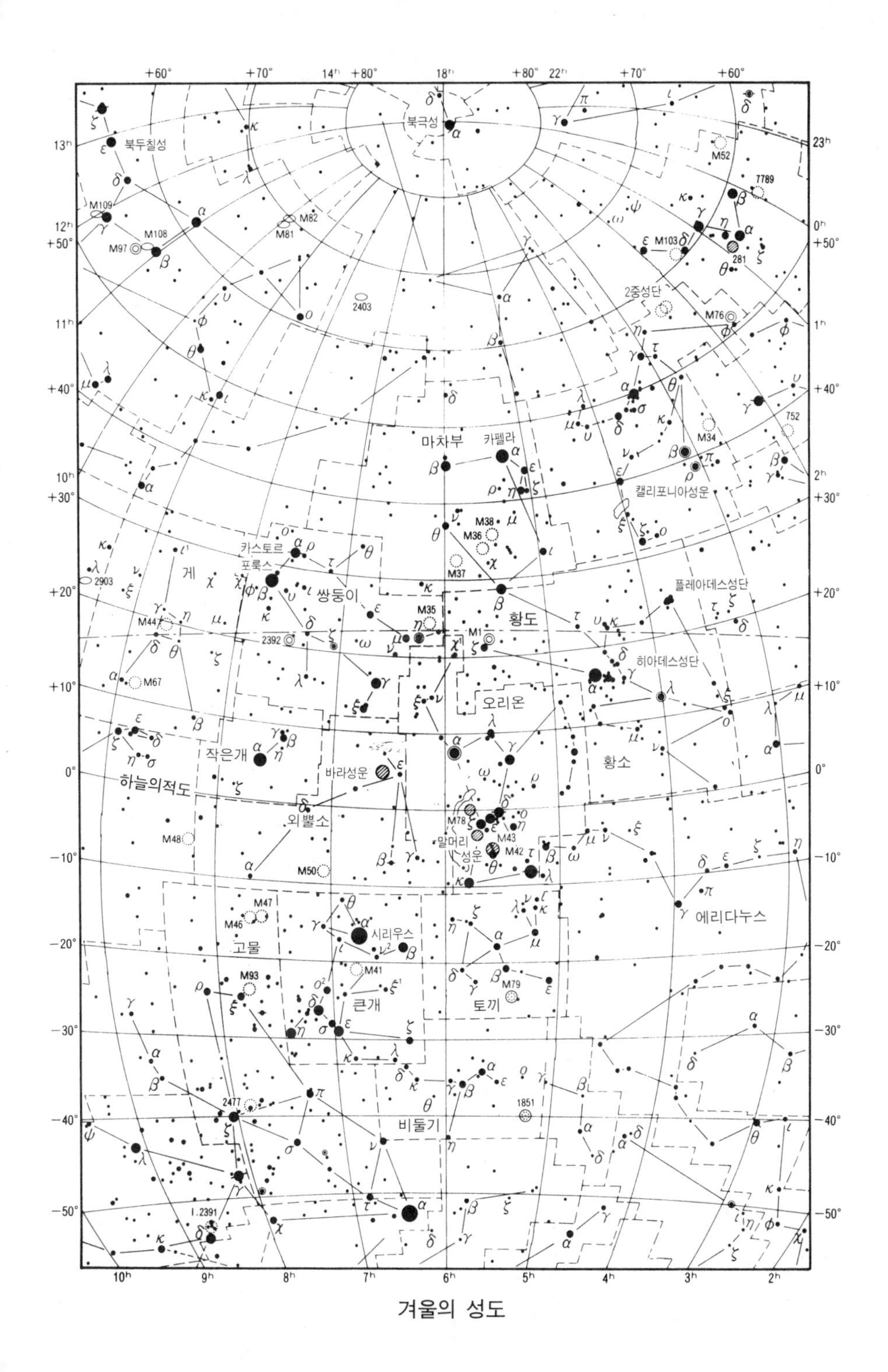
북극성
북두칠성
마차부
카펠라
카스토르
포룩스
게
쌍둥이
황도
오리온
히아데스성단
플레아데스성단
캘리포니아성운
2중성단
황소
작은개
하늘의적도
바라성운
외뿔소
말머리
성운
에리다누스
시리우스
고물
큰개
토끼
비둘기

겨울의 성도

작은 망원경과 함께 떠나는

성운 · 성단 산책

초판 1쇄 펴낸 날 / 1992. 1. 25
초판 2쇄 펴낸 날 / 2002. 8. 26

지은이 / 박승철
펴낸이 / 이광식
편집 · 교정 / 양은하 · 송미경 · 이둘숙
영업 / 윤석구 · 문은정

펴낸데 / 도서출판 가람기획
등록 / 제13-241(1990. 3. 24)
주소 / (우 121-130)서울 마포구 구수동 68-8 진영빌딩 4F
전화 / (02)3275-2915~7 팩스 / (02)3275-2918
http:// www.garambooks.co.kr
e-mail / garam815@chollian.net

ISBN 89-8435-121-0(03440)

* 값 · 뒤표지에 있음

* 서점에서 책을 살 수 없는 독자들을 위해 우편판매를 하고 있습니다.
수 협 093-62-112061 (예금주 : 이광식)
농 협 374-02-045616 (예금주 : 이광식)
국민은행 822-21-0090-623 (예금주 : 이광식)

우편엽서

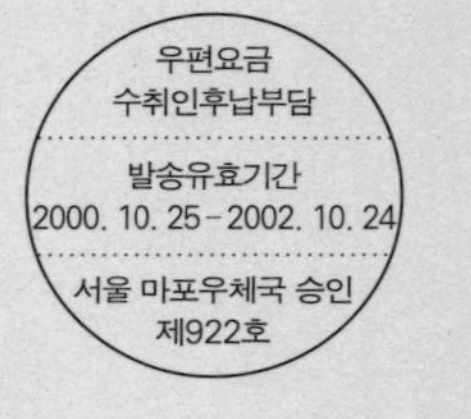

보내는 사람

주소

☐☐☐ – ☐☐☐

서울시 마포구 구수동 68-8 진영빌딩 4F **도서출판 가람기획**
전화 (02) 3275-2915~7 팩스 (02) 3275-2918
http://www.garambooks.co.kr
1 2 1 – 1 3 0